石油企业岗位练兵手册

配电线路工

大庆油田有限责任公司 编

石油工业出版社

图书在版编目（CIP）数据

配电线路工/大庆油田有限责任公司编.
北京：石油工业出版社，2013.9
　（石油企业岗位练兵手册）
　ISBN 978-7-5021-9789-6

Ⅰ.配⋯
Ⅱ.大⋯
Ⅲ.配电线路—技术手册
Ⅳ.TM726-62

中国版本图书馆CIP数据核字（2013）第222521号

出版发行：石油工业出版社
　　　　（北京安定门外安华里2区1号　100011）
　　　网　址：http://pip.cnpc.com.cn
　　　编辑部：（010）64523580　发行部：（010）64523620
经　　销：全国新华书店
印　　刷：北京中石油彩色印刷有限责任公司

2013年9月第1版　2013年9月第1次印刷
787×1092毫米　开本：1/32　印张：5.75
字数：132千字

定价：20.00元
（如出现印装质量问题，我社发行部负责调换）
版权所有，翻印必究

《石油企业岗位练兵手册》编委会

主　　　任：王建新
副　主　任：赵玉昆
委　　　员：宋　俭　董洪亮　吴景刚　全海涛
　　　　　　戴　莹　王　旭

本书编审组

主　　　编：李海臣
副　主　编：樊春林　肖　琼
编写组成员：孙希峰　徐宏坤　徐永松　史长征
　　　　　　孙桂兰　戈　莉　张　雷　张　彬
　　　　　　吴　杨　尹卓然
审核组成员：庞世军　尹　伍　咸奎石　李廷彬
　　　　　　陈育民　李海军　沈玉龙　刘伯军
　　　　　　王　鹏　罗　冰　包　庆　杨凤臣
　　　　　　刘晓卓　韩慧清　梁卫东　黄文倩

前　言

岗位练兵是大庆油田的优良传统，是强化基本功训练、提升员工素质的重要手段。新时期、新形势下，按照全面加强三基工作的有关要求，为进一步强化和规范经常性岗位练兵活动，切实提高基层员工队伍的基本素质，按照"实际、实用、实效"的原则，大庆油田有限责任公司人事部组织编写了《石油企业岗位练兵手册》丛书。围绕提升政治素养和业务技能的要求，本套丛书架构分为基本素养、基础知识、基本技能三部分。基本素养包括企业文化（大庆精神、铁人精神、优良传统）和职业道德等内容，基础知识包括与工种岗位密切相关的专业知识和HSE知识等内容，基本技能包括操作技能和常见故障判断处理等内容。本套丛书的编写，严格依据最新行业规范和技术标准，同时充分结合目前专业知识更新、生产设备调整、操作工艺优化等实际情况，具有突出的实用性和规范性的特点，既能作为基层开展岗位练兵、提高业务技能的实用教材，也可以作为员工岗位自学、单位开展技能竞赛的参考资料。

希望本套丛书的出版能够为各石油企业有所借鉴，为持续、深入地抓好基层全员培训工作，不断提升员工队伍整体素质,为实现石油企业科学发展提供人力资源保障。同时,也希望广大读者对本套丛书的修改完善提出宝贵意见,以便今后修订时能更好地规范和丰富其内容,为基层扎实有效地开展岗位练兵活动提供有力支撑。

编　者

2013 年 3 月

目 录

第一部分 基本素养

一、企业文化 ································· 1

（一）名词解释 ······························ 1
1. 大庆精神 ································· 1
2. 铁人精神 ································· 1
3. 艰苦奋斗的六个传家宝 ············· 1
4. 三老四严 ································· 2
5. 四个一样 ································· 2
6. 思想政治工作"两手抓" ············ 2
7. 岗位责任制 ····························· 2
8. 三基工作 ································· 2
9. 四懂三会 ································· 2
10. 五条要求 ······························· 2
11. 新时期铁人 ··························· 2
12. 大庆新铁人 ··························· 2

（二）问答 ·································· 2
1. 简述大庆油田名称的由来。 ······ 2
2. 中共中央何时批准大庆石油会战？ ··· 3
3. 什么是"两论"起家？ ················ 3

4. 什么是"两分法"前进? ········· 3
5. 简述会战时期"五面红旗"及其具体事迹。 ········ 3
6. 大庆投产的第一口油井和试注成功的第一口水井各是什么? ········ 4
7. 会战时期讲的"三股气"是指什么? ········ 4
8. 什么是"九热一冷"工作法? ········ 4
9. 什么是"三一"、"四到"、"五报"交接法? ········ 4
10. 大庆油田原油年产5000万吨以上持续稳产的时间是哪年? ········ 5
11. 中国石油天然气集团公司核心经营管理理念是什么? ········ 5
12. 中国石油天然气集团公司企业精神是什么? ········ 5
13. 新时期新阶段三基工作的基本内涵是什么? ········ 5
14. "十二五"时期,中国石油天然气集团公司全面推进三基工作新的重大工程的总体思路是什么? ········ 6
15. 中国石油天然气集团公司全面推进三基工作新的重大工程的主要目标是什么? ········ 6

二、职业道德 ········ 6
(一)名词解释 ········ 6
1. 道德 ········ 6
2. 职业道德 ········ 6
3. 爱岗敬业 ········ 6
4. 诚实守信 ········ 6
5. 劳动纪律 ········ 7
(二)问答 ········ 7
1. 社会主义精神文明建设的根本任务是什么? ········ 7
2. 我国社会主义思想道德建设的基本要求是什么? ··· 7

3. 为什么要遵守职业道德？ ………………………… 7
4. 爱岗敬业的基本要求是什么？ …………………… 7
5. 诚实守信的基本要求是什么？ …………………… 8
6. 职业纪律的重要性是什么？ ……………………… 8
7. 合作的重要性是什么？ …………………………… 8
8. 奉献的重要性是什么？ …………………………… 8
9. 奉献的基本要求是什么？ ………………………… 8
10. 企业员工应具备的职业素养是什么？ …………… 8
11. 培养"四有"职工队伍的主要内容是什么？ …… 8
12. 如何做到团结互助？ ……………………………… 8
13. 职业道德行为养成的途径和方法是什么？ ……… 9
14. 中国石油天然气集团公司员工职业道德规范具体内容是什么？ ……………………………………………… 9
15. 对违纪员工的处理原则是什么？ ………………… 9
16. 对员工的奖励包括哪几种？ ……………………… 9
17. 对员工的行政处分包括哪几种？ ………………… 10
18. 《中国石油天然气集团公司反违章禁令》有哪些规定？ ………………………………………………… 10

第二部分 基础知识

一、专业知识 ……………………………………… 11

（一）名词解释 ………………………………… 11

1. 导体 ……………………………………………… 11
2. 半导体 …………………………………………… 11
3. 绝缘体 …………………………………………… 11
4. 电压 ……………………………………………… 11
5. 电流 ……………………………………………… 11

6. 电阻 …… 11
7. 电动势 …… 11
8. 电源 …… 12
9. 交流电 …… 12
10. 直流电 …… 12
11. 电功率 …… 12
12. 欧姆定律 …… 12
13. 电磁感应 …… 12
14. 相序 …… 12
15. 负荷 …… 12
16. 电量 …… 12
17. 有功功率 …… 12
18. 无功功率 …… 12
19. 视在功率 …… 13
20. 功率因数 …… 13
21. 无功补偿 …… 13
22. 三相交流电源 …… 13
23. 相电压 …… 13
24. 线电压 …… 13
25. 相电流 …… 13
26. 线电流 …… 13
27. 变压器 …… 13
28. 电力系统 …… 13
29. 电力网 …… 13
30. 输电网 …… 14
31. 配电网 …… 14
32. 额定电压 …… 14

33. 杆塔 …………………………………………………… 14
34. 直线杆 ………………………………………………… 14
35. 转角杆 ………………………………………………… 14
36. 耐张杆 ………………………………………………… 14
37. 终端杆 ………………………………………………… 14
38. 跨越杆 ………………………………………………… 14
39. 分支杆 ………………………………………………… 15
40. 耐张段 ………………………………………………… 15
41. 连接金具 ……………………………………………… 15
42. 接续金具 ……………………………………………… 15
43. 支持金具 ……………………………………………… 15
44. 保护金具 ……………………………………………… 15
45. 档距 …………………………………………………… 15
46. 根开 …………………………………………………… 15
47. 水平档距 ……………………………………………… 15
48. 垂直档距 ……………………………………………… 15
49. 极大档距 ……………………………………………… 15
50. 弧垂 …………………………………………………… 15
51. 一般缺陷 ……………………………………………… 15
52. 重大缺陷 ……………………………………………… 16
53. 紧急缺陷 ……………………………………………… 16
54. 跨步电压 ……………………………………………… 16
55. 防雷装置 ……………………………………………… 16
56. 工作接地 ……………………………………………… 16
57. 重复接地 ……………………………………………… 16
58. 接地装置 ……………………………………………… 16
59. 接地电阻 ……………………………………………… 16

60. 大电流接地系统 ················ 16
61. 小电流接地系统 ················ 17
62. 供电设施的运行状态 ············ 17
63. 供电设施的停运状态 ············ 17
64. 接地故障 ···················· 17
(二) 问答 ························ 17
1. 电力网如何按电压等级分类? ········ 17
2. 电路由哪几部分组成? 各起什么作用? ·· 17
3. 配电线路工的主要工作是什么? ······ 17
4. 对电力线路的基本要求是什么? ······ 18
5. 线路的预防性维护措施有哪些? ······ 18
6. 提高功率因数的意义有哪些? ········ 18
7. 电容器无功补偿的方式有哪几种? ···· 18
8. 中性线的作用是什么? ············ 18
9. 什么是中性点位移现象? ·········· 18
10. 中性点不接地系统的适用范围有哪些? ·· 19
11. 接地系统按作用不同可分为哪几类? ·· 19
12. 工作接地有什么作用? ············ 19
13. 保护接地的保护原理是什么? ······ 19
14. 保护接地与保护接零各适用于哪种电网? ······ 19
15. 对高压电气设备的保护接地,接地电阻有哪些要求? ························ 19
16. 对低压电气设备的保护接地,接地电阻有哪些要求? ························ 20
17. 对接地体的材料及规格有哪些要求? ·········· 20
18. 根据土壤电阻率的不同,接地体的形式有哪几种? ······························ 20

19. 接地体按埋设方式可分为哪几类？ …… 20
20. 对接地引下线的材料及规格有哪些要求？ …… 21
21. 架空电力线路杆塔按使用材料不同可分为几种？ …… 21
22. 横担在架空线路中的作用是什么？ …… 21
23. 架空线路使用的裸导线按结构可分为哪几种？ …… 21
24. 钢芯铝绞线按铝钢截面比的不同，分为哪几种类型？ …… 21
25. 配电线路常用裸导线有哪几种型号？其型号标记的含义是什么？ …… 21
26. 线路金具按作用不同，可分为哪几类？ …… 22
27. 配电线路常用金具的型号是什么？其型号标记的含义是什么？ …… 22
28. 金具在配电线路中的作用有哪些？ …… 27
29. 终端杆在配电线路中的作用是什么？ …… 27
30. 绝缘子的作用是什么？常用形式有哪些？ …… 27
31. 配电线路常用绝缘子的型号及其型号标记的含义是什么？ …… 28
32. 隔离开关的用途有哪些？ …… 29
33. 高压熔断器的用途是什么？有哪些类型？ …… 30
34. 导线截面选择的依据是什么？ …… 30
35. 架空电力线路的导线应具备哪些基本条件？ …… 30
36. 6～10kV 配电线路常用电气设备有哪些？型号是什么？ …… 30
37. 电力电缆主要由哪几部分组成？各部分作用如何？ …… 33
38. 电缆头有哪几种？ …… 33

39. 配电线路常用工、用具有哪些，各自的作用是什么？ ……………………………………………………………… 33
40. 配电线路三相导线的排列方式有哪些？ ………… 35
41. 怎样确定配电线路三相导线的排列方式？ ……… 35
42. 怎样根据导线截面选配连接金具？ ……………… 35
43. 立杆工作的具体要求是什么？ …………………… 36
44. 电杆在什么情况下需装设底盘？ ………………… 36
45. 电杆在什么情况下加装卡盘？ …………………… 36
46. 混凝土电杆金具地面组装的顺序是什么？ ……… 36
47. 安装电杆金具有哪些要求？ ……………………… 36
48. 用螺栓连接电杆构件有哪些规定？ ……………… 37
49. 转角杆上的横担、抱箍安装尺寸是多少？ ……… 37
50. 跨越杆上的横担、抱箍安装尺寸是多少？ ……… 37
51. 导线在针式绝缘子上绑扎的技术要求是什么？ … 37
52. 怎样根据钢绞线截面选配拉线金具及拉线盘？ … 37
53. 拉线的安装方式和要求是什么？ ………………… 38
54. 配电线路安装拉线时有哪些规定？ ……………… 38
55. 水平拉线的装设条件是什么？ …………………… 38
56. 施工放线的要求是什么？ ………………………… 39
57. 施工紧线的要求是什么？ ………………………… 39
58. 哪种类型的档距适合于观测弧垂？ ……………… 39
59. 安装 10kV 及以下的配电线路时，对弧垂有什么要求？ …………………………………………………………… 39
60. 跌落式熔断器通常作为何种装置的过电流保护？ …………………………………………………………… 39
61. 配电变压器如何根据变压器的容量选择跌落式熔断器的熔断丝？ ……………………………………………… 40

62. 户外型隔离开关的安装有哪些要求？ ……… 40
63. GW1 型隔离开关（带操作机构）调试的标准是什么？ ……… 41
64. 室外变压器的安装时要注意什么？ ……… 41
65. 杆塔的检修项目是什么？ ……… 42
66. 横担及金具检修项目是什么？ ……… 42
67. 绝缘子检修项目是什么？ ……… 42
68. 导线检修项目是什么？ ……… 42
69. 拉线检修项目是什么？ ……… 43
70. 柱上真空断路器检修项目是什么？ ……… 43
71. 电容器检修项目是什么？ ……… 43
72. 隔离开关和熔断器检修项目是什么？ ……… 43
73. 接地装置检修项目是什么？ ……… 43
74. 防雷设施检修项目是什么？ ……… 44
75. 检修时，线路沿线情况应注意哪些？ ……… 44
76. 电力安全工作规程对线路巡视有哪些规定？ ……… 44
77. 线路巡视方式有几种？ ……… 45
78. 线路设备缺陷分哪几类？ ……… 45
79. 线路定期巡视周期是如何规定？ ……… 45
80. 杆塔巡视内容是什么？ ……… 45
81. 横担及其他金具的巡视内容是什么？ ……… 45
82. 绝缘子的巡视内容是什么？ ……… 45
83. 导线的巡视内容是什么？ ……… 46
84. 防雷设施的巡视内容是什么？ ……… 46
85. 拉线的巡视内容是什么？ ……… 46
86. 变压器的巡视内容是什么？ ……… 46
87. 柱上真空断路器的巡视内容是什么？ ……… 47

88. 隔离开关和熔断器的巡视内容是什么？ …………… 47
89. 电容器的巡视内容是什么？ ………………………… 47
90. 接地装置的巡视内容是什么？ ……………………… 47
91. 电力电缆线路的巡视有哪些内容？ ………………… 47
92. 线路沿线情况的巡视内容是什么？ ………………… 48
93. 在三相四线制系统中，中性线断开将会产生什么后果？ …………………………………………………… 48
94. 中性点不接地系统发生单相接地时，系统的电流和电压有哪些变化？ …………………………………… 49
95. 架空电力线路接地故障的危害有哪些？ …………… 49
96. 电力系统在哪些情况下，容易发生内部过电压？ …………………………………………………………… 49
97. 哪些情况易产生操作过电压？ ……………………… 49
98. 防止发生倒杆的主要措施有哪些？ ………………… 49
99. 预防断杆事故主要有哪些措施？ …………………… 50
100. 在线路施工中，导线受损会产生什么后果？ …… 50
101. 导线振动有哪些危害？ …………………………… 50
102. 引起架空线路导线弧垂变化的原因有哪些？ …… 50
103. 架空线路导线故障一般可分为哪几类？ ………… 50
104. 填用第一种工作票的工作有哪些？ ……………… 50
105. 填用第二种工作票的工作有哪些？ ……………… 51
106. 倒闸操作时应注意哪些事项？ …………………… 51
107. 倒闸操作前后应注意哪些问题？ ………………… 52
108. 倒闸操作期间发生疑问时应怎么办？ …………… 52
109. 工作许可人通知工作负责人可以开始工作的命令，可采用哪几种方式传达？ ……………………… 52
110. 登杆前须做哪些工作？ …………………………… 52

111. 在杆塔上工作须注意什么？ ……………………… 53
112. 进行电容器停电工作时应注意什么？ …………… 53
113. 在配电变压器台（架、室）上进行工作应该注意什么？ ……………………………………………… 53
114. 砍伐树木应当注意什么？ ………………………… 53
115. 挖杆坑注意事项有哪些？ ………………………… 54
116. 电力电缆线路试验的安全措施有哪些？ ………… 54
117. 指针式万用表转换开关旋钮周围符号的含义是什么？ …………………………………………… 54
118. 指针式万用表插孔（或接线柱）的选择方法是什么？ …………………………………………… 55
119. 指针式万用表如何进行零位调整？ ……………… 55
120. 在使用指针式万用表的欧姆挡测量直流电阻时应注意什么？ ………………………………………… 55
121. 使用接地摇表测量接地电阻时应注意哪些事项？
……………………………………………………… 56

二、HSE 知识 ………………………………………… 56

（一）名词解释 ……………………………………… 56

1. 静电 …………………………………………………… 56
2. 触电 …………………………………………………… 56
3. 跨步电压触电 ………………………………………… 56
4. 保护接零 ……………………………………………… 56
5. 保护接地 ……………………………………………… 56
6. 高空作业 ……………………………………………… 56
7. 人体的感知电流 ……………………………………… 57
8. 人体的摆脱电流 ……………………………………… 57
9. 人体的致命电流 ……………………………………… 57

10. 电击伤害 ……………………………… 57
11. 运用中的电气设备 …………………… 57
12. 安全色 ………………………………… 57
13. 安全电压 ……………………………… 57
14. 紧急救护法 …………………………… 57
15. 个人保安线 …………………………… 57
16. 低（电）压 …………………………… 58
17. 高（电）压 …………………………… 58
(二) 问答 …………………………………… 58
1. 人体发生触电的原因是什么？ ………… 58
2. 触电分为哪几种？ ……………………… 58
3. 触电的现场急救方法主要有几种？ …… 58
4. 发生人身触电应该怎么办？ …………… 58
5. 如何使触电者脱离电源？ ……………… 58
6. 预防触电事故的措施有哪些？ ………… 59
7. 安全用电注意事项有哪些？ …………… 59
8. 火灾过程一般分为哪几个阶段？ ……… 59
9. 扑救火灾的原则是什么？ ……………… 59
10. 目前油田常用的灭火器有哪些？ …… 60
11. 手提式干粉灭火器如何使用？适用哪些火灾的扑救？ ……………………………………………… 60
12. 使用干粉灭火器的注意事项有哪些？ … 60
13. 如何报火警？ ………………………… 60
14. 油、气、电着火如何处理？ ………… 60
15. 对火灾事故"四不放过"的处理原则是什么？ … 61
16. 高空作业级别是如何划分的？ ……… 61
17. 登高巡回检查应注意什么？ ………… 61

18. 安全带通常使用期限为几年？几年抽检一次？ … 61
19. 使用安全带时有哪些注意事项？ …………… 61
20. 哪些伤害必须就地抢救？ …………………… 62
21. 外伤急救步骤是什么？ ……………………… 62
22. 烧烫伤急救要点是什么？ …………………… 62
23. 触电急救有哪些原则？ ……………………… 62
24. 触电急救要点是什么？ ……………………… 62
25. 如何判定触电伤员呼吸、心跳？ …………… 62
26. 高空坠落急救要点是什么？ ………………… 63
27. 如何进行口对口（鼻）人工呼吸？ ………… 63
28. 如何对伤员进行胸外按压？ ………………… 63
29. 心肺复苏法操作频率有什么规定？ ………… 64
30. 紧急救护的基本原则及成功的关键是什么？ …… 64
31. 电气火灾的特点是什么？ …………………… 64
32. 电气设备发生火灾，在灭火前切断电源应注意什么？ ………………………………………………… 64
33. 职业病危害因素有哪些？ …………………… 65
34. 电力专业安全生产禁令是什么？ …………… 65
35. 常用标识牌悬挂地点及式样是什么？ ……… 65
36. 在带电线路上工作与带电导线最小安全距离是多少？ ………………………………………………… 66
37. 电气工作人员必须具备哪些条件？ ………… 67
38. 保证安全的组织措施是什么？ ……………… 67
39. 保证安全的技术措施是什么？ ……………… 67
40. 工作票签发人的安全责任有哪些？ ………… 68
41. 工作负责人（监护人）的安全责任有哪些？ …… 68
42. 工作许可人（值班调度员、工区值班员或变电所值

班员）的安全责任有哪些？ ································ 68
　43. 工作班成员的安全责任有哪些？ ···················· 68
　44. 带电作业应注意哪些事项？ ···························· 68
　45. 电气设备上的安全色标识有哪些？ ················ 69
　46. 绝缘安全工器具的试验周期是多少时间？ ···· 69

第三部分　基　本　技　能

一、操作技能 ·· 70

　1. 用脚扣登杆 ·· 70
　2. 识别配电线路常用材料及设备 ···················· 71
　3. 10kV耐张杆备料 ·· 72
　4. 地面组装耐张线夹 ·· 73
　5. 配电线路45°~90°转角杆备料及地面组装 ·· 74
　6. 在针式绝缘子顶部绑扎导线 ························ 76
　7. 在针式绝缘子颈部绑扎导线 ························ 77
　8. 结扎常用绳扣 ·· 78
　9. 验电、装、拆接地线 ···································· 83
　10. 更换杆上避雷器 ·· 85
　11. 更换6kV线路耐张杆悬式绝缘子 ················ 86
　12. 更换跌落式熔断器熔断丝 ·························· 87
　13. 用接续条连接导线接头 ······························ 89
　14. 用叉接法直线连接多股绝缘导线 ·············· 90
　15. 安装6kV跌落式熔断器 ································ 91
　16. 安装10kV直线杆金具及绝缘子 ················ 92
　17. 安装10kV终端杆金具及绝缘子 ················ 93
　18. 拉线的安装和制作 ······································ 95
　19. 使用紧线器紧线 ·· 96

20. 操作跌落熔断器 ·················· 97
21. 拉合 GW1 型隔离开关（防盗操作机构）········ 98
22. 拉合 GW9 型隔离开关 ················ 100
23. 拉合真空断路器 ··················· 102
24. 倒闸操作 ······················ 103
25. 使用指针式万用表测量电压 ············· 105
26. 用钳型电流表测量配电变压器负荷电流 ········ 107
27. 用 ZC—8 接地摇表测量接地电阻 ··········· 108
28. 使用兆欧表测量避雷器的绝缘电阻 ·········· 109
29. 用兆欧表测量 10kV 电缆线路的绝缘电阻 ······· 110
30. 用兆欧表测量配电变压器的绝缘电阻 ········· 112
31. 用测高仪测量导线的交叉、跨越的距离 ········ 114
32. 用指针式万用表低压（220～380V）核相 ······· 115
33. 高压（6～10kV）核相 ················ 116
34. 检修配电变压器 ··················· 118
35. 调整配电变压器分接开关 ··············· 120
36. 油井变压器补油 ··················· 121
37. 查找线路接地故障的常用方法和步骤 ········· 122
38. 用接地测试仪查找线路接地故障 ··········· 124
39. 设计架空配电线路的路径 ··············· 126
40. 设计架空配电线路电杆的埋设位置 ·········· 127
41. 编制线路施工方案 ·················· 128

二、常见故障判断处理 ················· 129

1. 绝缘子接地故障有什么现象？故障原因是什么？
如何处理？ ······················· 129
2. 绝缘子闪络故障有什么现象？故障原因是什么？
如何处理？ ······················· 129

3. 拉线造成线路故障有什么现象？故障原因是什么？如何处理？ ………………………………………………… 130

4. 避雷器造成线路故障有什么现象？故障原因是什么？如何处理？ ………………………………………………… 131

5. 引线造成线路故障有什么现象？故障原因是什么？如何处理？ ………………………………………………… 132

6. 导线损伤造成故障有什么现象？故障原因是什么？如何处理？ ………………………………………………… 132

7. 导线因弛度引发的故障有什么现象？故障原因是什么？如何处理？ ……………………………………………… 133

8. 冬季导线发生崩断的故障有什么现象？故障原因是什么？如何处理？ ……………………………………… 133

9. 树木对线路造成的故障有什么现象？故障原因是什么？如何处理？ ……………………………………………… 134

10. 线路倒杆引起故障有什么现象？故障原因是什么？如何处理？ ………………………………………………… 135

11. 车辆刮碰线路引起的故障有什么现象？故障原因是什么？如何处理？ …………………………………………… 135

12. 配电线路经常发生跳闸，故障现象及原因有哪些？怎样处理？ …………………………………………………… 136

13. 并排线路缺相故障有什么现象？故障原因是什么？如何处理？ ………………………………………………… 137

14. 线路速断的故障有什么现象？故障原因是什么？如何处理？ …………………………………………………… 137

15. 线路发生接地、短路故障有什么现象？主要故障原因是什么？如何处理？ ……………………………………… 138

16. 设备线夹烧损故障有什么现象？故障原因是什么？

如何处理？ …………………………………………………… 139

17. 变压器常见故障有什么现象？故障原因是什么？如何处理？ ………………………………………………… 139

18. 变压器熔断器熔断丝熔断的故障有什么现象？故障原因是什么？如何处理？ ………………………………… 141

19. 变压器发出异常声响的故障有什么现象？故障原因是什么？如何处理？ ……………………………………… 141

20. 变压器油温过高故障有什么现象？故障原因是什么？如何处理？ ……………………………………………… 142

21. 干式变压器常见故障有什么现象？故障原因是什么？如何处理？ ……………………………………………… 143

22. 箱式变压器的常见故障有什么现象？故障原因是什么？如何处理？ …………………………………………… 143

23. 真空断路器常见故障有什么现象？故障原因是什么？如何处理？ ……………………………………………… 144

24. 跌落式熔断器熔断丝熔断故障有什么现象？故障原因是什么？如何处理？ ……………………………………… 145

25. 熔断器熔断丝熔断后，不跌落故障有什么现象？故障原因是什么？如何处理？ ………………………………… 146

26. GW1 隔离开关合不严的故障有什么现象？故障原因是什么？如何处理？ ……………………………………… 147

27. GW1 型隔离开关合不上的故障有什么现象？故障原因是什么？如何处理？ …………………………………… 148

28. GW1 型隔离开关拉不开的故障有什么现象？故障原因是什么？如何处理？ …………………………………… 149

29. 隔离开关动、静触头故障有什么现象？故障原因是什么？如何处理？ ………………………………………… 149

30. 隔离开关易发生的故障有什么现象？故障原因是什么？如何处理？ …………………………………………………… 150

31. 电容器过热的故障有什么现象？故障原因是什么？如何处理？ …………………………………………………………… 151

32. 电容器常见故障有什么现象？故障原因是什么？如何处理？ …………………………………………………………… 151

33. 混凝土电杆破损的故障有什么现象？故障原因是什么？如何处理？ ………………………………………………… 152

34. 线路金具主要故障有什么现象？故障原因是什么？如何处理？ …………………………………………………………… 153

35. 电缆线路常见故障有什么现象？故障原因是什么？如何处理？ …………………………………………………………… 153

36. 电缆终端头故障有什么现象？故障原因是什么？如何处理？ …………………………………………………………… 154

37. 电缆中间头故障有什么现象？故障原因是什么？如何处理？ …………………………………………………………… 155

38. 接地装置常见故障有什么现象？故障原因是什么？如何处理？ …………………………………………………………… 155

39. 线路末端电压过低故障有什么现象？故障原因是什么？如何处理？ ………………………………………………… 156

40. 系统电压频繁波动的故障有什么现象？故障原因是什么？如何处理？ ………………………………………………… 157

41. 三相电压过高或过低故障有什么现象？故障原因是什么？如何处理？ ………………………………………………… 158

42. 三相电压不平衡超过5%故障有什么现象？故障原因是什么？如何处理？ …………………………………………… 158

第一部分 基本素养

一、企业文化

(一) 名词解释

1. 大庆精神：为国争光、为民族争气的爱国主义精神；独立自主、自力更生的艰苦创业精神；讲究科学、"三老四严"的求实精神；胸怀全局、为国分忧的奉献精神。

2. 铁人精神："为国分忧、为民族争气"的爱国主义精神；为"早日把中国石油落后的帽子甩到太平洋里去"，"宁肯少活20年，拼命也要拿下大油田"的忘我拼搏精神；为干革命"有条件要上，没有条件创造条件也要上"的艰苦奋斗精神；"要为油田负责一辈子"，"干工作要经得起子孙后代检查"，对技术精益求精，为革命"练一身硬功夫、真本事"的科学求实精神；"甘愿为党和人民当一辈子老黄牛"，不计名利，不计报酬，埋头苦干的奉献精神。

3. 艰苦奋斗的六个传家宝："人拉肩扛"精神，"干打垒"精神，"五把铁锹闹革命"精神，"缝补厂"精神，"回收队"精神，"修旧利废"精神。

4. 三老四严:对待革命事业,要当老实人,说老实话,办老实事;对待工作,要有严格的要求,严密的组织,严肃的态度,严明的纪律。

5. 四个一样:黑天和白天一个样,坏天气和好天气一个样,领导不在场和领导在场一个样,没有人检查和有人检查一个样。

6. 思想政治工作"两手抓":抓生产从思想入手,抓思想从生产出发。这是大庆正确处理思想政治工作与经济工作关系的基本原则,也是大庆思想政治工作的一条基本经验。

7. 岗位责任制:岗位专责制、交接班制、巡回检查制、设备维修保养制、质量负责制、岗位练兵制、安全生产制、班组经济核算制。

8. 三基工作:以党支部建设为核心的基层建设,以岗位责任制为中心的基础工作,以岗位练兵为主要内容的基本功训练。

9. 四懂三会:懂设备性能、懂结构原理、懂操作要领、懂维护保养;会操作,会保养,会排除故障。

10. 五条要求:人人出手过得硬,事事做到规格化,项项工程质量全优,台台在用设备完好,处处注意勤俭节约。

11. 新时期铁人:王启民。

12. 大庆新铁人:李新民。

(二) 问答

1. 简述大庆油田名称的由来。

1959年9月26日,建国十周年大庆前夕,位于黑龙江省原肇州县大同镇附近的松基三井喷出了具有工业价值的油流,为了纪念这个大喜大庆的日子,当时黑龙江省委第一书记欧阳钦同志建议将该油田定名为大庆油田。

2. 中共中央何时批准大庆石油会战？

1960年2月13日，石油工业部以党组的名义向中共中央、国务院提出了《关于东北松辽地区石油勘探情况和今后工作部署问题的报告》，1960年2月20日中共中央正式批准大庆石油会战。

3. 什么是"两论"起家？

1960年4月10日，大庆石油会战一开始，会战领导小组就以石油工业部机关党委的名义做出了《关于学习毛泽东同志所著〈实践论〉和〈矛盾论〉的决定》，号召广大会战职工学习毛泽东同志的《实践论》、《矛盾论》和毛泽东同志的其他著作，以马列主义、毛泽东思想指导石油大会战，用辩证唯物主义的立场、观点、方法，认识油田规律，分析和解决会战中遇到的各种问题。广大职工说，我们的会战是靠"两论"起家的。

4. 什么是"两分法"前进？

1964年，《人民日报》发表了《大庆精神大庆人》长篇通讯。毛泽东同志发出了"工业学大庆"的号召。当时，又正值毛泽东同志发表了《加强相互学习，克服固步自封、骄傲自满》。石油工业部党组根据油田实际抓住时机，及时在全体职工中进行了"两分法"教育。"两分法"的主要内容是：在任何时候，对任何事情，都要运用"两分法"。成绩越好，形势越好，越要一分为二。要坚持学"两点论"，反对"一点论"，坚持辩证法，反对形而上学，揭矛盾，找差距，戒骄戒躁，不断前进。

5. 简述会战时期"五面红旗"及其具体事迹。

"五面红旗"喻指大庆石油会战初期涌现的五位先进榜

样：王进喜、马德仁、段兴枝、薛国邦、朱洪昌。钻井队长王进喜带领队伍人拉肩扛抬钻机，端水打井保开钻，在发生井喷的危急时刻，奋不顾身跳下泥浆池，用身体搅拌泥浆制服井喷；钻井队长马德仁在泥浆泵上水管线冻结时，不畏严寒，破冰下泥浆池，疏通上水管线；钻井队长段兴枝在吊车和拖拉机不足的情况下，利用钻机本身的动力设施，解决了钻机搬家的困难；大庆油田第一个采油队队长薛国邦自制绞车，给第一批油井清蜡，又手持蒸汽管下到油池里化开凝结的原油，保证了大庆油田首次原油外运列车顺利起程；工程队队长朱洪昌在供水管线漏水时，用手捂着漏点，忍着灼烧的疼痛，让焊工焊接裂缝，保证了供水工程提前竣工。

6. 大庆投产的第一口油井和试注成功的第一口水井各是什么？

1960年5月16日，大庆第一口油井中7-11井投产；1960年10月18日，大庆油田第一口注水井7排11井试注成功。

7. 会战时期讲的"三股气"是指什么？

对一个国家来讲，就要有民气；对一个队伍来讲，就要有士气；对一个人来讲，就要有志气。三股气结合起来，就会形成强大的力量。

8. 什么是"九热一冷"工作法？

"九热一冷"工作法是大庆石油会战中创造的一种领导工作方法，指在一旬中，九天跑基层了解情况，一天坐下来分析研究工作中的经验教训。

9. 什么是"三一"、"四到"、"五报"交接法？

对重要的生产部位要一点一点地交接、对主要的生产数据要一个一个地交接、对主要的生产工具要一件一件地交接；交接班时应该看到的要看到、应该听到的要听到、应该摸到的要摸到、应该闻到的要闻到；交接班时报检查部位、报部件名称、报生产状况、报存在的问题、报采取的措施，开好交接班会议，会议记录必须规范完整。

10. 大庆油田原油年产 5000 万吨以上持续稳产的时间是哪年？

1976 年至 2002 年，大庆油田实现原油年产 5000 万吨以上连续 27 年高产稳产，创造了世界同类油田开发史上的奇迹。

11. 中国石油天然气集团公司核心经营管理理念是什么？

诚信：立诚守信，言真行实；创新：与时俱进，开拓创新；业绩：业绩至上，创造卓越；和谐：团结协作，营造和谐；安全：以人为本，安全第一。

12. 中国石油天然气集团公司企业精神是什么？

爱国：爱岗敬业，产业报国，持续发展，为增强综合国力作贡献。创业：艰苦奋斗，锐意进取，创业永恒，始终不渝地追求一流。求实：讲求科学，实事求是，"三老四严"，不断提高管理水平和科技水平。奉献：职工奉献企业，企业回报社会、回报客户、回报职工、回报投资者。

13. 新时期新阶段三基工作的基本内涵是什么？

基层建设、基础工作、基本素质。基层建设是以党建、班子建设为主要内容的基层组织和队伍建设，是企业发展的重要保障；基础工作是以质量、计量、标准化、制度、流程等为主要内容的基础性管理，是企业管理的重要着力点；基本素质是以政治素养和业务技能为主要内容的员工素质与能力，是企业综合实力的重要体现。

14. "十二五"时期,中国石油天然气集团公司全面推进三基工作新的重大工程的总体思路是什么?

以科学发展观为指导,紧紧围绕建设综合性国际能源公司战略目标,突出主题主线主旨,坚持以人为本、公平效率,坚持求真务实、与时俱进,更加注重制度的建设和执行,更加注重流程的规范和控制,更加注重管理的绩效和创新,全面提升基层建设、基础管理水平和员工基本素质,为实现集团公司可持续发展奠定坚实基础。

15. 中国石油天然气集团公司全面推进三基工作新的重大工程的主要目标是什么?

基层组织坚强有力,基础管理科学规范,基本素质整体优良,HSE业绩显著提升,发展环境和谐稳定,服务型机关建设成效显著。

二、职业道德

(一) 名词解释

1. 道德:是调节个人与自我、他人、社会和自然界之间关系的行为规范的总和。

2. 职业道德:同人们的职业活动紧密联系的、符合职业特点要求的道德准则、道德情操与道德品质的总和。

3. 爱岗敬业:爱岗就是热爱自己的工作岗位,热爱自己从事的职业;敬业就是以恭敬、严肃、负责的态度对待工作,一丝不苟,兢兢业业,专心致志。

4. 诚实守信:诚实就是真心诚意,实事求是,不虚假,不欺诈;守信就是遵守承诺,讲究信用,注重质量和信誉。

5. 劳动纪律：用人单位为形成和维持生产经营秩序，保证劳动合同得以履行，要求全体员工在集体劳动、工作、生活过程中，以及与劳动、工作紧密相关的其他过程中必须共同遵守的规则。

（二）问答

1. 社会主义精神文明建设的根本任务是什么？

适应社会主义现代化建设的需要，培育有理想、有道德、有文化、有纪律的社会主义公民，提高整个中华民族的思想道德素质和科学文化素质。

2. 我国社会主义思想道德建设的基本要求是什么？

爱祖国、爱人民、爱劳动、爱科学、爱社会主义。

3. 为什么要遵守职业道德？

职业道德是社会道德体系的重要组成部分，它一方面具有社会道德的一般作用，另一方面它又具有自身的特殊作用，具体表现在：（1）调节职业交往中从业人员内部以及从业人员与服务对象间的关系。（2）有助于维护和提高本行业的信誉。（3）促进本行业的发展。（4）有助于提高全社会的道德水平。

4. 爱岗敬业的基本要求是什么？

（1）要乐业。乐业就是从内心里热爱并热心于自己所从事的职业和岗位，把干好工作当作最快乐的事，做到其乐融融。（2）要勤业。勤业是指忠于职守，认真负责，刻苦勤奋，不懈努力。（3）要精业。精业是指对本职工作业务纯熟，精益求精，力求使自己的技能不断提高，使自己的工作成果尽善尽美，不断地有所进步、有所发明、有所创造。

5. 诚实守信的基本要求是什么？

要诚信无欺，要讲究质量，要信守合同。

6. 职业纪律的重要性是什么？

职业纪律影响到企业的形象，职业纪律关系到企业的成败，遵守职业纪律是企业选择员工的重要标准，遵守职业纪律关系到员工个人事业的成功与发展。

7. 合作的重要性是什么？

合作是企业生产经营顺利进行的内在要求，是从业人员汲取智慧和力量的重要手段，是打造优秀团队的有效途径。

8. 奉献的重要性是什么？

奉献是企业发展的保障，是从业人员履行职业责任的必由之路，有助于创造良好的工作环境，是从业人员实现职业理想的途径。

9. 奉献的基本要求是什么？

（1）尽职尽责。要明确岗位职责，要培养职责情感，要全力以赴工作。（2）尊重集体。以企业利益为重，正确对待个人利益，要树立职业理想。（3）为人民服务。树立为人民服务的意识，培育为人民服务的荣誉感，提高为人民服务的本领。

10. 企业员工应具备的职业素养是什么？

诚实守信、爱岗敬业、团结互助、文明礼貌、办事公道、勤劳节俭、开拓创新。

11. 培养"四有"职工队伍的主要内容是什么？

有理想、有道德、有文化、有纪律。

12. 如何做到团结互助？

（1）具备强烈的归属感。（2）参与和分享。（3）平等尊重。(4) 信任。(5) 协同合作。(6) 顾全大局。

13. 职业道德行为养成的途径和方法是什么?

(1) 在日常生活中培养。从小事做起,严格遵守行为规范;从自我做起,自觉养成良好习惯。(2) 在专业学习中训练。增强职业意识,遵守职业规范;重视技能训练,提高职业素养。(3) 在社会实践中体验。参加社会实践,培养职业道德;学做结合,知行统一。(4) 在自我修养中提高。体验生活,经常进行"内省";学习榜样,努力做到"慎独"。(5) 在职业活动中强化。将职业道德知识内化为信念;将职业道德信念外化为行为。

14. 中国石油天然气集团公司员工职业道德规范具体内容是什么?

(1) 遵守公司经营业务所在地的法律、法规。(2) 认真践行公司精神、宗旨及核心经营管理理念。(3) 遵守公司章程,诚实守信,忠诚于公司。(4) 继承弘扬大庆精神、铁人精神和中国石油优良传统作风。(5) 认真履行岗位职责。(6) 坚持公平公正。(7) 保护公司资产并用于合法目的。(8) 禁止参与可能导致与公司有利益冲突的活动。

15. 对违纪员工的处理原则是什么?

(1) 教育为主、惩罚为辅。(2) 区别情节、分类对待。(3) 实事求是、依法处理。

16. 对员工的奖励包括哪几种?

记功,记大功,晋级,通令嘉奖,授予先进生产(工作)者、劳动模范等荣誉称号。在给予上述奖励时,可以发给一次性奖金。

17. 对员工的行政处分包括哪几种?

警告、记过、记大过、降级、撤职、留用察看、开除。在给予上述行政处分的同时,可以给予一次性罚款。

18.《中国石油天然气集团公司反违章禁令》有哪些规定?

为进一步规范员工安全行为,防止和杜绝"三违"现象,保障员工生命安全和企业生产经营的顺利进行,特制定本禁令。

一、严禁特种作业无有效操作证人员上岗操作;

二、严禁违反操作规程操作;

三、严禁无票证从事危险作业;

四、严禁脱岗、睡岗和酒后上岗;

五、严禁违反规定运输民爆物品、放射源和危险化学品;

六、严禁违章指挥、强令他人违章作业。

员工违反上述禁令,给予行政处分;造成事故的,解除劳动合同。

第二部分 基础知识

一、专业知识

(一) 名词解释

1. 导体：导电能力很强的物质（如铜、铝等金属及电解液）称为导体。

2. 半导体：导电能力介于导体和绝缘体之间的物质（如硅、锗、硒等）称为半导体。

3. 绝缘体：几乎不能导电的物质（如陶瓷、橡胶、塑料、空气和经过加工的绝缘油、电木、云母等）称为绝缘体。

4. 电压：电路中两点间的电位差称为电压，用符号"U"来表示。

5. 电流：电荷有规则的定向运动称为电流，用符号"I"来表示。

6. 电阻：导体对电流的阻碍作用称为电阻，用符号"R"来表示。

7. 电动势：电源中非静电力对电荷做功的能力称为电动势，在数值上等于非静电力把单位正电荷从低电位推到高电位所做的功。

8. 电源：能将其他形式的能量转换为电能的设备称为电源。发电机、蓄电池和光电池等都是电源，它们分别把机械能、化学能和光能转换为电能。

9. 交流电：方向和大小随时间做周期性变化的电流称为交变电流，简称交流电。

10. 直流电：方向不随时间做周期性变化的电流，称为直流电。

11. 电功率：单位时间内电场力所做的功称为电功率。

12. 欧姆定律：在同一电路中，导体中的电流跟导体两端的电压成正比，跟导体的电阻成反比，这个结论称为欧姆定律。基本公式 $I = U/R$。

13. 电磁感应：闭合电路的一部分导体在磁场里做切割磁力线的运动时，导体中就会产生电流，这种现象称为电磁感应。

14. 相序：相位的顺序，是交流电的瞬时值从负值向正值变化经过零值的依次顺序。

15. 负荷：电力系统中所有用电设备所耗用的功率称为负荷。电力系统的总负荷就是系统中所有用电设备消耗总功率的总和。

16. 电量：用电设备所需用电能的数量称为电量，是用电器功率与用电时间的乘积，单位：千瓦时（kW·h），俗称度。

17. 有功功率：在交流电路中电阻所消耗的功率（即用于发光、发热、做动力等的电功率）称为有功功率。

18. 无功功率：具有电感（或电容）的电路中，因要建立磁场（或电场），也要占用一部分功率，这部分功率，只与电源进行能量的交换，并没有真正消耗掉。这种与电源进行交换能量的功率称为无功功率。

19. 视在功率：交流电源所能提供的总功率称为视在功率，表明了交流电源或设备（如发电机或变压器）的容量大小。

20. 功率因数：在交流电路中，电压与电流之间的相位差（φ）的余弦叫做功率因数，用符号$\cos\varphi$表示。

21. 无功补偿：为了提高功率因数，保证电能质量，降低线路损耗，而在电力系统设置电容器、调相机等容性无功电源，用以补偿感性负荷的无功功率损耗。

22. 三相交流电源：有三个频率相同、振幅相等、相位依次互差120°的交流电势组成的电源，称为三相交流电源。

23. 相电压：三相电路中，每相头尾之间的电压称为相电压，如U_a、U_b、U_c。

24. 线电压：相与相之间的电压称为线电压，如U_{ab}、U_{ac}、U_{bc}。线电压通常用字母U_x表示。

25. 相电流：三相电路中，流过每相电源或每相负载的电流称为相电流。

26. 线电流：三相电路中，流过各相端电流称为线电流。线电流通常用字母I_x表示。

27. 变压器：一种静止的电气设备，它利用电磁感应原理将一种电压等级的交流电能转变成另一种电压等级的交流电能。

28. 电力系统：动力系统中的电气部分，如发电机、变压器、配电装置、用电设备，用电力线路连接起来所构成的网络，称为电力系统。因此，电力系统是发电厂、变电所、输电线路和用电设备组成的整体。

29. 电力网：将各电压等级的输电线路和各种类型的变电

所连接而成的网络。按其在电力系统中的作用不同,分为输电网和配电网。

30. 输电网:将发电厂、变电所或变电所之间连接起来的送电网络称为输电网,又称为电力网中的主网架。

31. 配电网:直接将电能送到用户的网络称为配电网。配电网的电压因用户的需要而定,因此,配电网又分高压配电网、中压配电网及低压配电网。

32. 额定电压:能使电力设备正常运行的电压称为额定电压。各种电力设备在额定电压下运行,其技术性能和经济效益最好。

33. 杆塔:用来支持导线及杆塔上金具、横担和电气设备,使导线与大地和其他建筑物保持足够的安全距离,在各种条件下,保证线路可靠运行。

34. 直线杆:设立于配电线路的直线段上,在正常的工作条件下能够承受线路侧面的风荷重及导线的重量,但不能承受线路方面的导线荷重。

35. 转角杆:设立于线路方向改变的地方,用于线路的转弯处。在正常工作条件下,能承受导线拉力产生的角度荷重和线路侧面的风荷重,在事故条件下能承受线路方向导线的荷重。

36. 耐张杆:设立于直线段上的若干直线杆之间,在正常工作条件下能够承受线路侧面的风荷重,它还可以承受导线的拉力,在事故条件下能承受线路方向的导线荷重。

37. 终端杆:设立于配电线路的首端及末端,在正常工作条件下能够承受线路方向全部导线的荷重及线路侧面的风荷重。

38. 跨越杆:用于跨越铁路、通航河道、公路、建筑物、林带和电力线路等大跨越的杆塔称为跨越杆。

39. 分支杆：线路分支处的杆塔称为分支杆。正常情况下分支杆除承受直线杆所承受的荷重外，还要承受分支导线的垂直荷重、水平风力荷重和顺分支线方向导线的全部拉力。

40. 耐张段：架空线路中相邻耐张型杆塔（承力杆塔）之间的线路段称为耐张段。

41. 连接金具：用来将绝缘子组装成串，并将绝缘子与杆塔及悬垂线夹或耐张线夹连接成一体，以及将拉线金具与杆塔、地锚固定的金属器具。

42. 接续金具：用于架空线路导线、地线终端及跳线的接续，以及导线、地线修补的金属器具。

43. 支持金具：架空线路中用于支持导线和绝缘子保证线路正常运行的金属器具。

44. 保护金具：用来防止导线和绝缘子在运行中由于各种原因所产生机械或电器损伤的金属器具。

45. 档距：相邻两杆塔中心之间的水平距离称为架空电力线路的档距。

46. 根开：杆塔基础中心点之间的距离称为根开。

47. 水平档距：杆塔两侧档距中点间的水平距离或杆塔两侧档距的平均值称为该杆塔的水平档距。

48. 垂直档距：杆塔两侧导线最低点间的水平距离称为垂直档距。

49. 极大档距：如果某档距导线悬挂点张力的安全系数正好等于规程要求的 2.25 时，则称为极大档距。

50. 弧垂：导线上任何一点至导线两侧悬挂点连线之间的垂直距离（沿铅垂线下降的程度）称为导线上该点的弧垂或弧度。

51. 一般缺陷：设备存在不符合规程要求的缺陷，虽然超过了允许运行标准,但是程度不如重大缺陷严重,发展速度较慢可在较长时间内运行,可以列入年度维修计划或下一年度大修工程中消除。

52. 重大缺陷:设备存在的缺陷,严重超出了允许运行标准。如不采取措施在短期内消除,将威胁人身、设备安全,此类缺陷应在短期内消除。

53. 紧急缺陷:设备存在的缺陷如不立即处理,随时可能危及人身安全,引起火灾或者造成设备事故,此类缺陷应立即处理。

54. 跨步电压:当电气设备发生接地故障,接地电流通过接地体向大地流散,这时有人在接地短路点周围行走,其两脚之间的电位差称为跨步电压。

55. 防雷装置:一套完整的防雷装置包括接闪器、引下线和接地装置。避雷针、避雷线、避雷网、避雷带、避雷器都是经常采用的防雷装置。

56. 工作接地:为了保证电气设备在正常和事故情况下能安全地运行,电力系统中的某一点运行接地称为工作接地。

57. 重复接地:将零线一点或多点与大地再次作金属性连接称为重复接地。

58. 接地装置:接地体和接地线的总称。接地体是指埋入地中并直接与大地接触的金属导体。接地线是指电器设备的金属外壳与接地体相连接的导体。

59. 接地电阻:接地线电阻、接地体电阻、接地体与土壤之间的过渡电阻和土壤流散电阻的总和。

60. 大电流接地系统:发电机和电力变压器中性点直接与大地连接并与输配电线路及用户构成的电力系统称为大电流接地系统。

61. 小电流接地系统：发电机和电力变压器中性点不与大地连接并与输配电线路及用户构成的电力系统称为小电流接地系统。

62. 供电设施的运行状态：供电设施与电网相连，并处于带电状态。

63. 供电设施的停运状态：供电设施由于故障、缺陷或检修、维修、试验等原因，与电网断开而不带电状态。停运状态分为故障停运和预安排停运两种。

64. 接地故障：又称线路单相接地短路故障，它是由于线路某一相的一点对地绝缘性能丧失，该相电流经此点流入大地造成的。

（二）问答

1. 电力网如何按电压等级分类？

1kV 以下的电网称为低压网，1～330kV 称为高压网，500kV 及以上的电网称为超高压网。通常将 35kV 以上的线路称为送电线路，35kV 以下的线路，如 20kV、10kV 线路及低压线路称为配电线路。

2. 电路由哪几部分组成？各起什么作用？

电路是由电源、负载、连接导线和辅助设备组成的。电源供给电能；负载是把电能转换为其他形式的能量；连接导线则将电源与负载连接起来组成电路，把电能传送给负载；辅助设备是用来控制电路的电器设备。电路在电力系统中主要用于传输、转换电能及传递信息。

3. 配电线路工的主要工作是什么？

配电线路工的主要工作是对 6～10kV 配电线路进行检修和维护，以确保 6～10kV 配电线路的平稳供电。主要工作项目包括：检修、维护、倒闸、线路架设施工等。

4. 对电力线路的基本要求是什么？

（1）供电可靠。（2）电压质量好。（3）供电安全经济。

5. 线路的预防性维护措施有哪些？

（1）防污措施。（2）防冻措施。（3）防暑、防腐和防鸟害措施。（4）防风与防振措施。（5）防外力破坏和金具断裂措施。

6. 提高功率因数的意义有哪些？

（1）能减少线路损失。（2）可提高设备的利用率，提高电网的输送能力。（3）可使发电机按照额定容量输出。（4）可以改善电压质量。

7. 电容器无功补偿的方式有哪几种？

（1）变电所高压集中补偿。（2）线路补偿。（3）随器补偿。（4）随机补偿。（5）低压集中补偿。

8. 中性线的作用是什么？

在电源和负载星形连接的系统中，中性线的作用就是为了消除由于三相负载不对称而引起的中性点位移。三相负载不对称时，必须接入中线，且使中线阻抗很小，才能消除中性点位移。一般照明负载很难做到三相平衡，所以应采用三相四线制供电方式。

9. 什么是中性点位移现象？

在三相线路中，在电源电压对称的情况下，如果三相负载对称，根据基尔霍夫定律，不管有无中性线，中性点的电压都等于零。如果三相负载不对称，而且没有中线或者中线阻抗较大，则负载中性点就会出现电压。即电源中性点 O 和负载中性点 O′之间电压 $U_{OO'}$ 不再为零，我们把这种现象称为中性点位移。

10. 中性点不接地系统的适用范围有哪些?

(1) 电压低于500V的三相三线制装置。(2) 当接地电流 $I_c \leq 30A$ 时的 3~10kV 系统。(3) 当接地电流 $I_c \leq 10A$ 时的 20~60kV 系统。(4) 当接地电流 $I_c \leq 5A$ 时,与发电机直接作电气连接的 3~20kV 系统。

11. 接地系统按作用不同可分为哪几类?

接地系统按作用不同可以分为下述三类:(1) 工作接地。(2) 保护接地。(3) 防雷接地。

12. 工作接地有什么作用?

工作接地在减轻故障触电的危险、稳定电网电位等方面起着重要的作用。

13. 保护接地的保护原理是什么?

由于接地电阻远远小于人体电阻,当有人触及漏电设备时,接地装置的分流作用使流过人体的电流小于安全电流,或者说可把人体的接触电压降低至安全电压以下,从而保证人身安全。

14. 保护接地与保护接零各适用于哪种电网?

保护接地一般适用于中性点不接地电网。保护接零一般适用于中性点接地电网。

15. 对高压电气设备的保护接地,接地电阻有哪些要求?

(1) 大接地短路电流系统:在大接地短路系统中,由于接地短路电流很大,接地装置一般均采用棒形和带形接地体联合组成环形接地网,以均压的措施达到降低跨步电压和接触电压的目的,一般要求接地电阻小于 0.5Ω。(2) 小接地短路电流系统:当高压设备与低压设备共用接地装置时,要求在设备发生接地故障时,对地电压不超过120V,要求接地电阻小于10Ω,当高压设备单独装设接地装置时,对地电压可放宽至250V,要求接地电阻小于等于10Ω。

16. 对低压电气设备的保护接地,接地电阻有哪些要求?

在1kV以下中性点直接接地与不接地系统中,单相接地短路电流一般都很小。为限制漏电设备外壳对地电压不超过安全范围,要求保护接地电阻小于4Ω。

17. 对接地体的材料及规格有哪些要求?

(1)接地体的材料一般由钢管、铁带等制成,一般采用的钢管壁厚应大于3.5mm,外径大于25mm,如果钢管直径超过50mm时,虽然管径增大,但散流电阻降低得很少。(2)从经济观点来看,采用管径不超过50mm的钢管较为合适。(3)如果管长超过3m时,散流电阻就降低得很少。因此,超过3m是不适用的。(4)角钢接地体一般采用50mm×6mm或40mm×5mm的角钢,垂直打入地中,它也是具有钢管的效果。(5)扁钢接地体,其截面不小于100mm^2,厚度不小于4mm,一般应用25mm×4mm或40mm×4mm的扁钢,埋深应不少于0.5~0.8m为宜。

18. 根据土壤电阻率的不同,接地体的形式有哪几种?

根据土壤电阻率的不同,接地体的形式也是多种多样的。(1)放射形接地体:采用一至数条接地带敷设在接地槽中,一般应用在土壤电阻率较小的地区。(2)环状接地体:是用扁钢围绕杆塔构成的环状接地体。(3)混合接地体:是由扁钢和钢管组成的接地体。

19. 接地体按埋设方式可分为哪几类?

接地体按其埋入地中的方式分为水平接地体和垂直接地

体。(1) 水平接地体：该接地体水平埋入地中，其长度和根数按接地电阻的要求确定，接地体的选择优先采用圆钢，一般直径为 8～10mm。扁钢截面为 25mm×4mm～40mm×4mm。热带地区应选择较大截面，干寒地区选择较小截面。(2) 垂直接地体：该接地体是垂直打入地中，长度为 1.5～3m，截面按机械强度考虑，角钢为 20mm×20mm×3mm～50mm×50mm×5mm，钢管直径为 20～50mm，圆钢直径为 10～12mm。

20. 对接地引下线的材料及规格有哪些要求？

接地引下线一般采用钢材，规格如下：(1) 圆钢引下线直径一般不小于 8mm。(2) 扁钢截面不小于 12mm×4mm。(3) 镀锌钢绞线截面不小于 25mm^2。

21. 架空电力线路杆塔按使用材料不同可分为几种？

木杆、金属杆和钢筋混凝土电杆三种。

22. 横担在架空线路中的作用是什么？

固定绝缘子和固定电气设备元件。

23. 架空线路使用的裸导线按结构可分为哪几种？

(1) 单股线。(2) 单金属多股绞线。(3) 复金属多股绞线。

24. 钢芯铝绞线按铝钢截面比的不同，分为哪几种类型？

(1) 普通型钢芯铝绞线，代号为 LGJ，其铝钢截面比为 5.3～6.1。(2) 轻型钢芯铝绞线，代号为 LGJQ，其铝钢截面比约为 7.6～8.3。(3) 加强型钢芯铝绞线，代号为 LGJJ，其铝钢截面比约为 4～4.5。

25. 配电线路常用裸导线有哪几种型号？其型号标记的含义是什么？

配电线路常采用的裸导线：LJ—普通铝绞线；HLJ—铝合

金绞线；GJ—钢绞线；LGJQ—轻型钢芯铝绞线；TJ—铜绞线；LGJJ—加强型钢芯铝绞线；LGJ—钢芯铝绞线。

其型号规格标记由汉语拼音和阿拉伯数字组成，包括导线的材质、结构特征和标称截面三部分，其含义是：

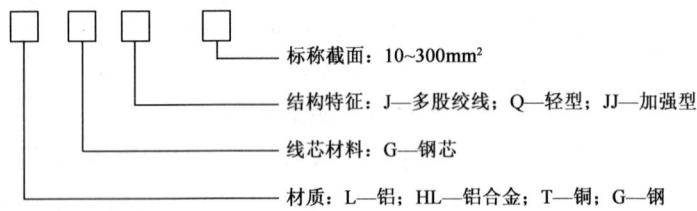

例如：LGJQ—120 的导线，为 120mm² 轻型钢芯铝绞线；LJ—70 的导线，为 70mm² 铝绞线。

26. 线路金具按作用不同，可分为哪几类？

（1）连接金具。（2）接续金具。（3）拉线金具。（4）保护金具。

27. 配电线路常用金具的型号是什么？其型号标记的含义是什么？

电力金具产品型号标记组成：

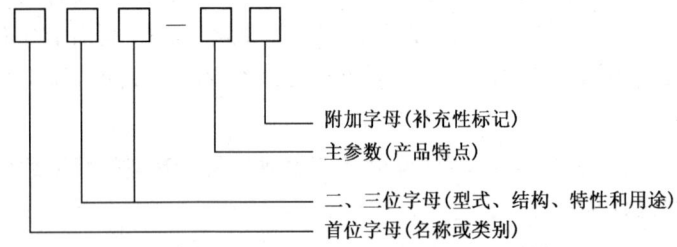

(1) 抱箍,分为U形抱箍和拉线抱箍(图1)。型号及规格以其圆弧或圆的半径为:$R = 100 \sim 180\text{mm}$。

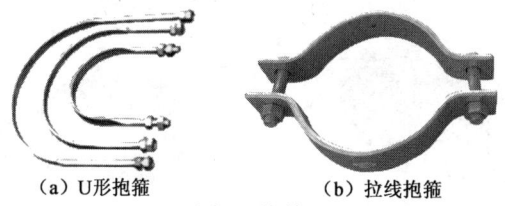

(a) U形抱箍　　　　(b) 拉线抱箍

图1　抱箍

(2) 铝包带(图2)。

(3) 楔形可调(UT形)耐张线夹(图3)。型号:NUT—(1~3)。

 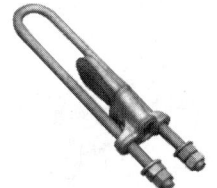

图2　铝包带　　　　图3　楔形可调耐张线夹

(4) 楔形耐张线夹(图4)。型号:NX—(1~3)。

(5) 螺栓形耐张线夹(图5)。型号:NLD—(1~3)。

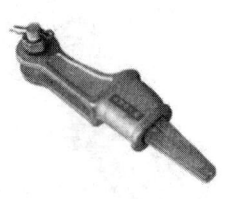 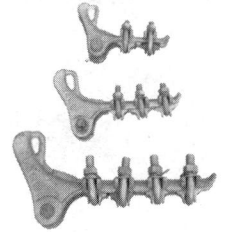

图4　楔形耐张线夹　　　　图5　螺栓形耐张线夹

(6) 直角挂板（图6）。型号：Z—7。
(7) 直角挂环（图7）。型号：ZH—7。

图6　直角挂板　　　　图7　直角挂环

(8) 平行挂板。①型号：P—7 [图8 (a)]；②型号：PS—7 [图8 (b)]。

 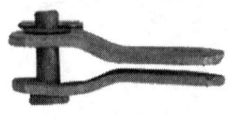

（a）P—7　　　　　　（b）PS—7

图8　平行挂板

(9) 球头挂环（图9）。型号：Q—7。
(10) 带电装卸线夹（图10）。

图9　球头挂环　　　　图10　带电装卸线夹

(11) 碗头挂板。①型号：W—7A［图11（a）］；②型号：W—7B［图11（b）］；③型号：WS—7［图11（c）］。

（a）W—7A　　　（b）W—7B　　　（c）WS—7

图11　碗头挂板

(12) 并沟线夹。①型号：JBB—（1～3）［图12（a）］；②型号：JB—（1～4）［图12（b）］；③型号：JBTL—（1～4）［图12（c）］。

（a）JBB—(1~3)　　　（b）JB—(1~4)　　　（c）JBTL—(1~4)

图12　并沟线夹

(13) 接续管（图13）。型号：JT—（35～240）L。

(14) T形线夹（图14）。型号：TL—□□。

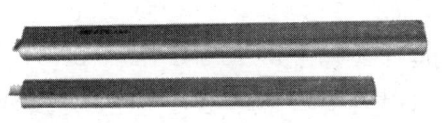 

图13　接续管　　　　　　图14　T形线夹

（15）接线端子。①型号：DL—（35~185）[图15（a）]；②型号：DT—（35~185）[图15（b）]；③型号：DTL—（35~185）[图15（c）]。

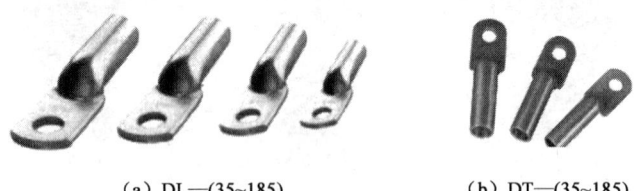

（a）DL—(35~185)　　　（b）DT—(35~185)

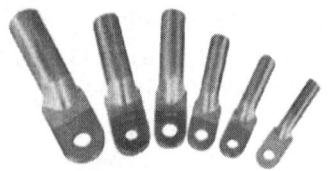

（c）DTL—(35~185)

图15　接线端子

（16）设备线夹。

型号说明：

第一个安母：S—设备；

第二个安母：L—螺栓；

第三个安母：G—过渡。

数字—适用导线组合号：1—（35~50）mm^2；2—（70~95）mm^2；3—（120~150）mm^2。

附加字母（引流角度）：A—0°；B—30°；C—45°；D—90°。

①型号：SL—□□[图16（a）]；②型号：ST—□□[图16（b）]；③型号：STG—□□[图16（c）]；④型号：SY—□□[图16（d）]。

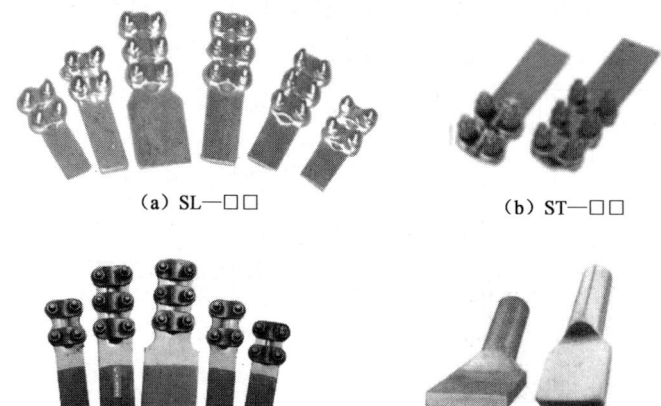

(a) SL—□□　　　(b) ST—□□

(c) STG—□□　　　(d) SY—□□

图16　设备线夹

28. 金具在配电线路中的作用有哪些？

（1）可以使横担在电杆上得以固定。（2）可以连接绝缘子和导线。（3）可以使导线之间的连接更加可靠。（4）可以使电杆在拉线的作用下得以平衡及固定。（5）可以使线路在不同情况下得以适当的保护。

29. 终端杆在配电线路中的作用是什么？

设立于配电线路的首端及末端，在正常工作条件下能够承受线路方向全部导线的荷重及线路侧面的风荷重。

30. 绝缘子的作用是什么？常用形式有哪些？

绝缘子是用来支持或悬挂导线并使之与杆塔绝缘的。其具有足够的绝缘强度和机械强度，同时对化学杂质的侵蚀具有足够的抗御能力，并能适应周围大气条件的变化，如温度和湿度变化对它本身的影响等。常用的有针式、悬式、棒式与瓷横担等形式。

31. 配电线路常用绝缘子的型号及其型号标记的含义是什么？

复合绝缘子产品型号标记组成：

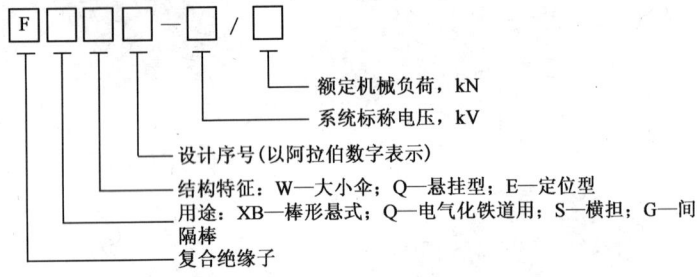

（1）悬式绝缘子。

①XP—7（或70）[图17（a）]：

X—悬式绝缘子；P—机电破坏负荷；7—7t（或70kN）。

②FXBW8—10/70 [图17（b）]：

F—复合材料；XB—棒形悬式；W—大小伞。

③LXY1—70 [图17（c）]：

LX—盘形悬式玻璃绝缘子；Y—圆柱头结构型；70—破坏负荷70kN。

④XWP—7 [17图（d）]：

X—悬式绝缘子；W—防污型；P—机电破坏负荷；7—7t（或70kN）。

（a）XP—7

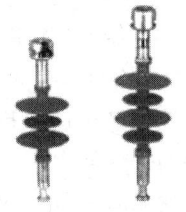

（b）FXBW8—10/70

（c）LXY1—70　　　　　　（d）XWP—7

图 17　悬式绝缘子

（2）针式绝缘子。

①P—6T（瓷制）[图 18（a）]：

P—针式绝缘子；6—电压等级 6kV；T—铁横担。

②PS—15T（合成材料）[图 18（b）]：

S—合成材料；15—电压等级 15kV。

③PSG—15T（瓷制）[图 18（c）]：

SG—柱式。

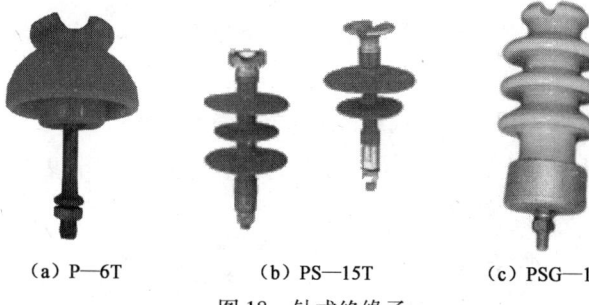

（a）P—6T　　　　（b）PS—15T　　　（c）PSG—15T

图 18　针式绝缘子

32. 隔离开关的用途有哪些？

隔离开关主要用于在无载情况下切合线路。隔离开关能形成可见的空气间隔，保证检修工作的安全。隔离开关无灭弧能力，不允许带负荷拉闸和合闸。因此，拉闸时必须在断路器切断电路以后才能拉开隔离开关。合闸时,必须先合上隔离开关,然后才合断路器。为了防止误操作,隔离开关和断路器间要求装设防误操作的机械闭锁或电气闭锁装置。

33. 高压熔断器的用途是什么?有哪些类型?

高压熔断器用于高压输配电线路、电力变压器、电压互感器、电力电容器等电气设备的过载及短路保护。熔断器具有结构简单、价格便宜、维护方便、体积小巧等优点,在电力网中广泛用它来保护变压器和线路等。高压熔断器按使用场所可分为户内式和户外式。按其熔体动作特性分为固定式和跌开(落)式,按其工作特性可分为有限流作用的和无限流作用的。

34. 导线截面选择的依据是什么?

(1)按经济电流密度选择。(2)按允许电压损失选择。(3)按发热条件选择。(4)按机械强度选择。

35. 架空电力线路的导线应具备哪些基本条件?

(1)合理选用导线截面。(2)导电率高。(3)机械强度要够。(4)抗化学腐蚀性强。

36. 6～10kV 配电线路常用电气设备有哪些?型号是什么?

(1)户外真空断路器。型号:①ZW11—12 [图 19(a)];②ZW32—12 [图 19(b)]。

(a) ZW11—12　　　　　　　(b) ZW32—12

图 19　户外真空断路器

(2) 多油断路器(图20)。型号：DW10—10/200。

图20　多油断路器

(3) 隔离开关。型号：①GW1—10/200~600 [图21 (a)]；②XGW9—12/200~400 [图21 (b)]。

(a) GW1—10/200~600　　　　(b) XGW9—12/200~400

图21　隔离开关

(4) 高压跌落式熔断器型号说明(图22)。

图22　高压跌落式熔断器

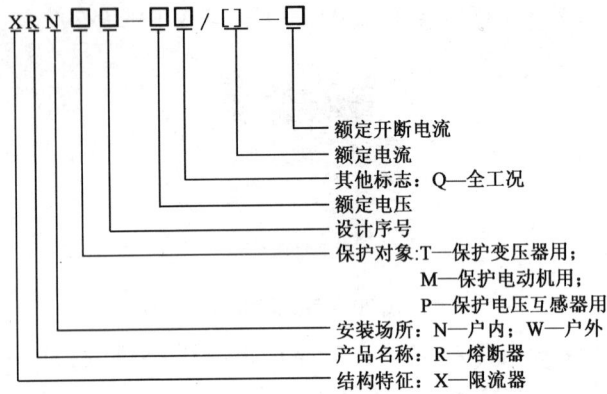

(5) 避雷器 (图23)、脱离器型号 (图24) 及组装 (图25) 说明。

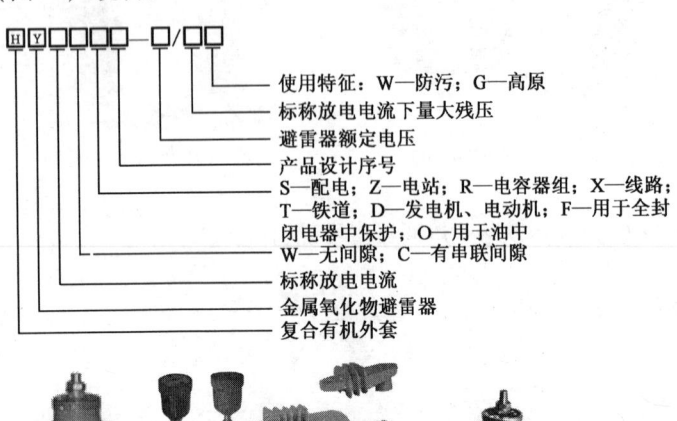

图23 避雷器　　图24 脱离器　　图25 组装

37. 电力电缆主要由哪几部分组成？各部分作用是什么？

电力电缆一般由导电线芯、绝缘层和保护层三个主要部分组成。导电线芯主要是用作导电，绝缘层是用以各导电线芯之间的绝缘，保护层主要是防止来自外力的伤害和一些自然界的侵蚀。

38. 电缆头有哪几种？

电缆头按所在电缆的位置可分为两种：一种为连接两条电缆的中间接头，另一种为电缆的终端头。电缆头按安装场所分为户外电缆头和户内电缆头。按制作方法分为干包电缆头、冷缩电缆头、热缩电缆头。

39. 配电线路常用工、用具有哪些，各自的作用是什么？

（1）滑轮（图26）。作用：放线、紧线和起高重物。

（a）座放朝天滑车　　（b）朝天放滑轮　　（c）起重滑轮

图26　滑轮

（2）紧线器（图27）。作用：用于紧导线、拉线和正杆。

图27　紧线器

（3）链条式手拉葫芦（图28）。作用：用于紧导线、拉线、正杆和起重。

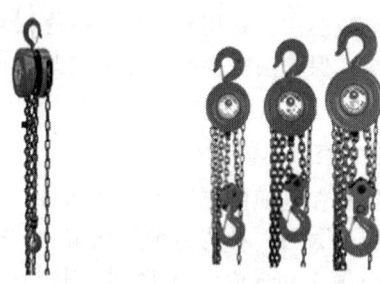

图28 链条式手拉葫芦

（4）线夹（卡线器）（图29）。作用：卡住导线或钢绞线，与紧线器等配合使用。

图29 线夹（卡线器）

（5）压接钳（图30）。作用：压接导线用。

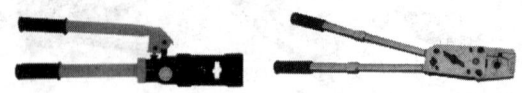

图30 压接钳

（6）断线钳（图31）。

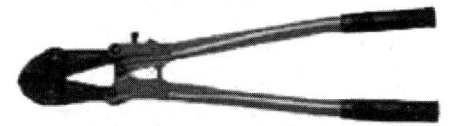

图31　断线钳

40. 配电线路三相导线的排列方式有哪些？

（1）高压配电线路的导线一般采用三角排列和水平排列。
（2）多回路的导线宜采用三角、水平混合排列或垂直排列。
（3）低压配电线路的导线一般采用水平排列。

41. 怎样确定配电线路三相导线的排列方式？

导线在单回路杆塔上的排列方式有水平排列、三角排列等。选择导线的排列方式时，主要看其对线路运行的可靠性，对维护检修是否方便，能否减轻杆塔结构。运行经验表明，三角形排列的可靠性较水平排列差，特别是在重冰区、多雷区和电晕严重地区。这是因为下层导线在因故向上跃起时，易发生相间闪络和上下层导线碰线故障，采用水平排列时，杆塔高度较低，可减少雷击的机会。因此，一般说来，对于重冰区、多雷区的单回线路，导线应采用水平排列。对于其余地区可结合线路的具体情况采用水平或三角形排列。

42. 怎样根据导线截面选配连接金具？

铝导线与金具的选配，应按表1执行。

表1　导线截面选配连接金具表

导线型号	并沟线夹	耐张线夹	接线端子	铜铝过渡设备线夹
LJ—35	JB—1	NLD—1	DL—35	SLG—1
LJ—50	JB—1	NLD—1	DL—50	SLG—1
LJ—70	JB—2	NLD—2	DL—70	SLG—2

续表

导线型号	并沟线夹	耐张线夹	接线端子	铜铝过渡设备线夹
LJ—95	JB—2	NLD—2	DL—95	SLG—2
LJ—120	JB—3	NLD—3	DL—120	SLG—3
LJ—150	JB—3	NLD—3	DL—150	SLG—3
LJ—185	JB—3	NLD—3	DL—185	SLG—3

43. 立杆工作的具体要求是什么？

（1）电杆组立时要设专业起重工来指挥吊车。（2）立杆时将钢丝绳套系到电杆的3/4处。（3）电杆应立在线路基坑中心处，根开误差不应大于50mm，电杆垂直歪斜不应大于3/1000mm。（4）基坑回填时，应先将坑内积水排出，每回填500mm夯实一次土方，回填要高出地平面500mm以防基土下沉。

44. 电杆在什么情况下需装设底盘？

（1）送电线路一般均装有底盘。（2）配电线路在土质松软地区及承重较大时，电杆下部也常常加装底盘，以增加电杆的稳固性。

45. 电杆在什么情况下加装卡盘？

（1）送电线路的不带拉线的直线单杆一般装有卡盘。（2）配电线路在受侧力较大的电杆埋入部分常加装卡盘。

46. 混凝土电杆金具地面组装的顺序是什么？

（1）先装导线横担。（2）再装避雷线横担、叉梁、拉线抱箍及绝缘子。

47. 安装电杆金具有哪些要求？

（1）金具安装位置应按设计要求标准执行。（2）安装时，紧固各部螺栓必须牢固可靠，不得有金具歪斜和脱落现象。

48. 用螺栓连接电杆构件有哪些规定？

（1）螺栓应与构件平面相垂直，螺杆与螺头的平面与构件不应有空隙。（2）螺帽紧固后，露出的螺纹应不小于2扣。（3）螺栓紧固需加垫片和弹簧垫片。（4）紧固螺栓前，应在螺纹上涂抹润滑油。

49. 转角杆上的横担、抱箍安装尺寸是多少？

顶铁抱箍距离杆头150mm；上拉线抱箍距离杆头500mm；上承力横担距离杆头700mm；两承力横担相距450mm；下层拉线抱箍打在下承力横担上侧200mm。

50. 跨越杆上的横担、抱箍安装尺寸是多少？

顶铁抱箍距杆头150mm；横担距杆头700mm；拉线抱箍安装在横担下侧200mm。

51. 导线在针式绝缘子上绑扎的技术要求是什么？

（1）绑扎必须紧密、整齐、牢固、可靠。（2）铝包带的缠绕长度应超出接触部分30mm。

52. 怎样根据钢绞线截面选配拉线金具及拉线盘？

根据表2按钢绞线截面选配拉线金具及拉线盘。

表2 按钢绞线截面选配拉线金具及拉线盘表

拉线规格	GJ—25 或 GJ—35	GJ—50	GJ—70
楔形耐张线夹	NX—1	NX—2	NX—2
UT形耐张线夹	NUT—1	NUT—2	NUT—2
拉线棒（mm×mm）	$\phi 18 \times 2420$（或 $\phi 16 \times 2000$）	$\phi 18 \times 2420$	$\phi 18 \times 2420$
拉线盘	LP6	LP8	LP8
拉线盘埋深 H（m）	1.5（或1.2）	1.5	1.7
适用导线型号	LJ—70及以下	LJ—（95~120）	LJ—（150~185）

53. 拉线的安装方式和要求是什么?

(1)拉线应根据电杆的受力情况装设,终端杆拉线与线路方向对正,转角杆拉线应与线路分角线对正,防风拉线应与线路垂直,当线路转角在45°及以下时,可只设置分角拉线,超过45°时则在线路中心线延长线上设置拉线,拉线与电杆的夹角一般为45°,但受地形限制时,也允许不大于30°角装设,拉线坑的深度可按受力大小决定一般为1.2~1.5m深。拉线安装方式:①防风拉线抱箍安装在直线横担下侧200mm处。②T形接杆和终端杆转角杆拉线抱箍安装在承力横担上侧200mm处。

(2)拉线安装要求:①拉线盘埋深应符合设计要求,拉线棒与拉线盘应和拉线角度一致,拉线棒露出地面部分的长度应为500mm。②拉线坑应有斜坡,回填时应将土块打碎,分层夯实,回填500mm夯实一次。③线夹舌板与拉线接触紧密,受力后无滑动现象,安装时不应损伤线股。④钢绞线弯曲部分不应有松股,拉线断头处与拉线应用绑扎线固定可靠,线夹处露出的尾线长度上把为300mm,下把为500~600mm。⑤UT形线夹螺杆,螺纹应有2/3可供拉线调整,UT形线夹双螺母应紧固可靠。

54. 配电线路安装拉线时有哪些规定?

(1)位于郊区的线路一般每隔10基杆打一组防风拉线。(2)对于30°~60°转角杆在受力外侧打两把拉线。(3)60°~90°转角杆和终端杆只打顺线路拉线。(4)拉线打好后应呈直线状,不应有松弛现象。

55. 水平拉线的装设条件是什么?

电力线路沿道路架设分支或转角杆,在线路转向的方向,因受道路或其他障碍物的限制不能做一般拉线时，可装设水平拉线。

56. 施工放线的要求是什么？

（1）选择安装和固定放线架，将导线盘安置放线架上并调整好最佳角度和水平。（2）如用机械牵引放线，根据牵引设备或人员情况，可单根和双根同时放线。（3）放到耐张杆处，留一定余量，约10m左右，在放线盘架处断头。

57. 施工紧线的要求是什么？

（1）此项工作必须在白天进行。（2）导线弧垂误差不应超过设计值的±50mm。（3）水平和三角排列导线弧垂各项误差不应大于50mm。

58. 哪种类型的档距适合于观测弧垂？

（1）选取连续档距中的档距最大或较大者。（2）选取高差较小的平坦地带。（3）当连续档在6档以下时，至少选一靠近中间的大档距观测。（4）连续档在7～15档时至少各选一靠近两端的大档距观测。（5）连续15档以上时，应在耐张端两端及中间至少各选一大档距进行观测。

59. 安装10kV及以下的配电线路时，对弧垂有什么要求？

（1）弧垂的设计误差不应超过设计值的±5%。（2）同档内各导线弧垂宜一致。（3）水平排列的各导线的弧垂相差不应大于50mm。

60. 跌落式熔断器通常作为何种装置的过电流保护？

（1）配电变压器。（2）高压配电线路的支线。（3）当配电线路过长，变电所继电保护不能保护的范围内的末端线路。

61. 配电变压器如何根据变压器的容量选择跌落式熔断器的熔断丝？

对于一般变压器熔断丝的选择可参考表3，表3已经考虑了空载变压器投入运行时的冲击电流。

表3 跌落式熔断器选配表

变压器的额定电流（A）	熔断丝的额定电流（A）	被保护的变压器在下列电压的额定容量（kV·A）	
		6kV	10kV
2	5	20	30
3	7.5	30	50
4	10	40	63
5	10	50	80
6	15	63	100
8	15	80	125
10	20	100	160
12	30	125	200
15	30	160	250
19	40	200	315
24	50	225	400
30	50	315	500
38	75	400	630
48	75	500	800

62. 户外型隔离开关的安装有哪些要求？

户外型的隔离开关，露天安装时应水平安装，使带有瓷裙的支持瓷瓶确实能起到防雨作用。隔离开关的动、静触头应对准，否则合闸时就会出现旁击现象，且当合闸后使动、静触头接触面压力不均匀，造成接触不良。

63. GW1型隔离开关（带操作机构）调试的标准是什么？

隔离开关的操作机构、传动机械应调整好，使分、合闸操作能正常进行，没有抗劲现象。还要满足三相同期的要求，即分、合闸时三相动触头同时动作，不同期的偏差应小于3mm。此外，处于合闸位置时，动触头要有足够的切入深度，以保证接触面积符合要求，但又不允许合过头，要求动触头距静触头底座有3~5mm的空隙，否则合闸过猛时将敲碎静触头的支持瓷瓶。处于拉开位置时，动、静触头间要有足够的拉开距离，以便有效地隔离带电部分。这个距离应不小于160mm，或者动触头与静触头之间拉开的角度不应小于65°。

64. 室外变压器的安装时要注意什么？

室外变压器的安装有地上安装、台上安装、柱上安装等三种安装方式，变压器容量不超过315kV·A者可柱上安装，315kV·A以上者应地上安装或台上安装。室外变压器的安装应注意以下问题：（1）油浸电力变压器的安装应略有倾斜，从没有储油柜的一方向有储油柜的一方应有1%~5%的上升坡度，以便油箱内意外产生的气体能比较顺利地进入气体继电器。（2）变压器各部件及本体的固定必须牢固。（3）电气连接必须良好，铝导体与变压器的连接应采用铜铝过渡接头。（4）变压器的接地一般是其低压绕组中性点、外壳及其避雷器三者共用的接地，变压器的工作零线应与接地线分开，工作零线不得埋入地下，接地必须良好，接地线上应有可断开的连接点。（5）变压器防爆管喷口前方不得有可燃物体。（6）室外变压器的一次引线和二次引线均应采用绝缘导线。（7）柱上变压器应安装平稳、牢固，腰栏应用直径4mm的镀锌铁丝缠绕四圈以上，且铁丝不得有接头、缠绕必须紧密。

（8）柱上变压器底部距地面高度不应小于2.5m、裸导体距地面高度不应小于3.5m。（9）变压器台高度一般不应低于0.5m、其围栏高度不应低于1.7m、变压器壳体距围栏不应小于1m、变压器操作面距围栏不应小于2m。（10）变压器围栏上应有"止步，高压危险！"的明显标识。

65. 杆塔的检修项目是什么？

（1）杆塔是否倾斜，杆塔构件有无弯曲、变形、锈蚀、螺栓有无松动。（2）混凝土杆有无裂纹、酥松、钢筋外露，焊接处有无开裂、锈蚀。（3）杆塔标识（杆号、相位、警告牌等）是否齐全、明显。（4）杆塔周围有无杂草和蔓藤类植物附生，有无危及安全的鸟巢、风筝及杂物。

66. 横担及金具检修项目是什么？

（1）铁横担有无歪斜、变形。（2）金具有无锈蚀、变形，螺栓是否紧固，有无缺帽，瓷件有无闪络、断裂、脱落。

67. 绝缘子检修项目是什么？

（1）瓷件有无脏污、损伤、裂纹和闪络痕迹。（2）铁脚、铁帽有无锈蚀、松动、弯曲。

68. 导线检修项目是什么？

（1）有无断股、损伤、烧伤痕迹，在化工、沿海等地区的导线有无腐蚀现象。（2）三相弛度是否平衡，有无过紧、过松现象。（3）接头是否良好，有无过热现象，连接线夹弹簧垫是否齐全，螺帽是否紧固。（4）过引线有无损伤、断股、歪扭与杆塔、构件及其他引线间是否符合规定。（5）导线上有无抛扔物。（6）固定引线用绝缘子上的绑线有无松弛或开断现象。

69. 拉线检修项目是什么?

(1) 拉线有无锈蚀、松弛、断股和张力分配不均等现象。(2) 水平拉线对地距离是否符合要求。(3) 拉线是否妨碍交通或被车辆碰撞。(4) 拉线棒、抱箍等金具有无变形、锈蚀。(5) 拉线固定是否牢固,基础周围土壤有无突起、沉陷、缺土现象。

70. 柱上真空断路器检修项目是什么?

(1) 外壳有无锈蚀现象。(2) 套管有无破损、裂纹、严重脏污。(3) 开关固定是否牢固,引线、接点和接地是否良好,线间和对地距离是否足够。(4) 分、合闸拉环,以及储能拉环操作时是否正常和灵活。(5) 开关分、合、储能指示是否正确、清晰。

71. 电容器检修项目是什么?

(1) 瓷件有无闪络、裂纹、破损和严重脏污。(2) 有无渗、漏油。(3) 外壳有无鼓肚、锈蚀。(4) 接地是否良好。(5) 放电回路及各引线接点是否良好。(6) 并联电容器的单台熔断丝是否熔断。

72. 隔离开关和熔断器检修项目是什么?

(1) 瓷件有无裂纹、闪络、破损及脏污。(2) 熔断丝管有无弯曲、变形。(3) 触头是否良好,有无过热、烧损、熔化现象。(4) 各部件的组装是否良好,有无松动、脱落。(5) 引线接点连接是否良好,与各部件距离是否合适。(6) 操作机构是否灵活,有无锈蚀现象。

73. 接地装置检修项目是什么?

(1) 接地引下线与接地装置应可靠连接,接地引下线一般不与拉线、拉线抱箍接触。(2) 接地引下线有无断股、损伤、丢失现象，接地极、接地线夹有无丢失。

74. 防雷设施检修项目是什么?

（1）瓷件有无裂纹、损伤、闪络痕迹，表面是否脏污。（2）避雷器的固定是否牢固。（3）引线连接是否良好，与邻相和杆塔构件的距离是否符合规定。（4）各部附件是否锈蚀，接地端焊接处有无开裂、脱落。

75. 检修时，线路沿线情况应注意哪些?

（1）沿线有无易燃、易爆物品和腐蚀性液体、气体。（2）导线对地、对道路、公路、管道、索道、河流、建筑物等距离是否符合规定，有无可能触及导线的铁烟筒、天线等。（3）有无威胁线路安全的工程设施。

76. 电力安全工作规程对线路巡视有哪些规定?

（1）巡线工作应由有电力线路工作经验的人担任。单独巡线人员应考试合格并经工区主管生产领导批准。（2）单人巡线时，禁止攀登电杆和铁塔。电缆隧道偏僻山区和夜间巡线必须由两人进行。暑天、大雪天等恶劣天气必要时由两人进行。雷雨大风天气或事故巡线，巡线人员应穿绝缘鞋或绝缘靴。暑天山区巡线应备必要的防护工具和药品，夜间巡线应携带足够的照明工具。夜间巡线应沿线路外侧进行，大风巡线应沿线路上风侧前进，以免万一触及断落的导线。（3）特殊巡视应注意选择路线，防止洪水、塌方、恶劣天气对人的伤害。（4）事故巡线应始终认为线路带电，即使明知该线路已停电，亦应认为线路随时有恢复送电的可能。（5）巡线人员发现导线断落地面或悬吊空中，应设法防止行人靠近断线地点8m以内，以免跨步电压伤人，并迅速报告电力调度，等候处理。

77. 线路巡视方式有几种？

一般线路巡视可分为定期巡视、特殊巡视、夜间巡视、监察性巡视和事故巡视。

78. 线路设备缺陷分哪几类？

（1）一般缺陷。（2）重大缺陷。（3）紧急缺陷。

79. 线路定期巡视周期是如何规定？

在城市线路巡视每月至少一次，在郊区和农村每季至少一次。

80. 杆塔巡视内容是什么？

（1）杆塔是否倾斜，铁塔构件有无弯曲、变形、锈蚀，螺栓有无松动、混凝土杆有无裂纹、酥松、钢筋外露，焊接处有无开裂、锈蚀。（2）基础有无损坏、下沉或上拔，周围土壤有无挖掘或沉陷，寒冷地区电杆有无冻鼓现象。（3）杆塔位置是否合适，有无被车撞的可能，保护设施是否完好，标识是否清晰。（4）杆塔有无被水淹、水冲的可能，防洪设施有无损坏、崩塌。（5）杆塔标识（杆号、线路名称等）是否齐全明显。（6）杆塔周围有无杂草和蔓藤类植物附生，有无危及安全的鸟巢、风筝及杂物。

81. 横担及其他金具的巡视内容是什么？

（1）铁横担有无锈蚀、歪斜、变形等。（2）金具有无锈蚀、变形，螺栓是否紧固，是否缺帽。开口销有无锈蚀、断裂、脱落。

82. 绝缘子的巡视内容是什么？

（1）瓷件有无脏污、损伤、裂纹和闪络痕迹。（2）铁脚、铁帽有无锈蚀、松动、弯曲。

83. 导线的巡视内容是什么?

(1) 有无断股、损伤、烧伤痕迹,导线有无腐蚀现象。(2) 三相弛度是否平衡,有无过紧、过松现象。(3) 接头接触是否良好,有无过热现象,连接线夹弹簧垫是否齐全,螺帽是否紧固。(4) 过(跳)引线有无损伤、断股、歪扭,与杆塔、构件其他引线间的距离是否符合规定。(5) 导线上有无抛扔物。(6) 固定用导线的绝缘子上绑线有无松弛或开断现象。

84. 防雷设施的巡视内容是什么?

(1) 避雷器瓷套有无裂纹、损伤、闪络痕迹,表面是否脏污。(2) 避雷器的固定是否牢固。(3) 引线连接是否良好,与邻相和杆塔构件的距离是否符合规定。(4) 各部附件是否锈蚀,接地端焊接处有无开裂、脱落。

85. 拉线的巡视内容是什么?

(1) 拉线有无锈蚀、松弛、断股和张力分配不均等现象。(2) 水平拉线对地距离是否符合要求。(3) 拉线是否妨碍交通或被车碰撞。(4) 拉线棒(下把)、抱箍等金具有无变形锈蚀。(5) 拉线固定是否牢固,拉线基础周围土壤有无突起、沉陷、缺土等现象。(6) 顶(撑)杆、拉线柱、保护桩等有无损坏、开裂、腐朽现象。

86. 变压器的巡视内容是什么?

(1) 套管是否清洁、有无裂纹、损伤、放电痕迹、过热、烧损现象。(2) 油温、油色、油面是否正常,有无异声、异味、渗油现象。(3) 外壳有无脱漆、锈蚀、焊口有无裂纹,接地是否良好。(4) 变压器台架高度是否符合规定,有无锈蚀、倾斜、下沉。

87. 柱上真空断路器的巡视内容是什么？

（1）外壳有无锈蚀现象。（2）套管有无破损、裂纹、严重脏污和闪络放电痕迹。（3）引线、接点和接地是否良好，线间对地距离是否足够。（4）分、合指示是否正确、清晰。（5）开关标牌是否正确、清晰和齐全。

88. 隔离开关和熔断器的巡视内容是什么？

（1）瓷件有无闪络、裂纹、破损及脏污。（2）熔断管有无弯曲变形。（3）触头间接触是否良好，有无过热、烧损、熔化现象。（4）各部件组成是否良好，有无松动、脱落、丢失。（5）引线接点连接是否良好，与各部件距离是否合适。（6）操作机构是否灵活，有无锈蚀、弯曲、丢失现象。

89. 电容器的巡视内容是什么？

（1）瓷件有无闪络、裂纹、破损和严重脏污。（2）有无鼓肚、锈蚀、渗油、漏油。（3）接地是否良好。（4）放电回路及各引线接点是否良好，熔断是否熔断。

90. 接地装置的巡视内容是什么？

（1）接地引下线有无丢失、断股、损伤现象。（2）接头接触是否良好，线夹螺栓有无松动、锈蚀。（3）接地引下线的保护管有无破损、丢失，固定是否牢靠。（4）接地体有无外露、严重腐蚀，在埋设范围内有无土方工程。

91. 电力电缆线路的巡视有哪些内容？

（1）对直埋电缆线路：①沿线路地面上有无堆放的瓦砾、矿渣、建筑材料、笨重物体及其他临时建筑等，附近地面有无挖掘。②线路附近有无酸、碱等腐蚀性排泄物及堆放石灰等。③对于室外露出地面电缆的保护钢管，有无锈蚀移位现象，固定是否可靠牢固。④引入室内的电缆穿管处是否封堵严密。

（2）对敷设在沟道内的电缆线路：①沟道的盖板是否完整无缺。②沟内有无积水、渗水现象，是否堆有易燃易、爆物品。③电缆铠装是否锈蚀。④全塑电缆有无被鼠咬伤的痕迹。

（3）对电缆终端头和中间接头：①终端头的绝缘套管有无破损及放电现象，对填充有电缆胶（油）的终端头，还应检查有无漏油溢胶现象。②引线与接线端子的接触是否良好，有无发热现象。③接地线是否良好，有无松动、断股。④电缆中间接头有无变形，温度是否正常。

（4）其他：①对明敷的电缆，应检查沿线挂钩或支架是否牢固，电缆外表有无锈蚀、损伤，线路附近有没有堆放易燃、易爆及强腐蚀性物体。②洪水期间或暴雨过后，应注意线路附近有无严重冲刷、塌陷现象，室外电缆沟道的排水是否畅通，室内电缆沟道是否进水等。

92. 线路沿线情况的巡视内容是什么？

（1）沿线有无易燃、易爆物品和腐蚀性液、气体。（2）导线对地、道路、公路、铁路、管道、建筑物等距离是否符合规定，有无可能触及导线的铁烟囱、天线等。（3）周围有无被风刮起危及线路安全金属薄膜、杂物等。（4）有无威胁线路安全的工程设施。（5）查明防护区内的植树情况及导线与树间距离是否符合规定。（6）线路附近有无射击、放风筝、抛扔杂物、飘洒金属和在杆塔、拉线上栓牲畜等。（7）查明沿线污秽情况。（8）沿线有无违反《电力设施保护条例》的建筑。

93. 在三相四线制系统中，中性线断开将会产生什么后果？

在三相四线制供电系统中，中性线是不允许断开的，如果中性线一旦断开,这时线电压虽然仍对称,但各相不平衡负载多承受的对称相电压则不再对称。可以证明,有的负载所承受的电压将低于其额定电压,有的负载所承受的电压将高于其额定电压,因此使负载不能正常工作,并且造成严重事故。

94. 中性点不接地系统发生单相接地时,系统的电流和电压有哪些变化?

(1)经故障相流入故障点的电流为正常运行时每相对地电容电流的3倍。(2)中性点对地电压升高为相电压。(3)非故障相的对地电压升高为线电压。(4)线电压与正常时的相同。

95. 架空电力线路接地故障的危害有哪些?

运行中的线路接地时间过长可造成三相电压不平衡,线路设备过热,影响设备的使用寿命,长时间的接地还可能烧坏变电所母线、电压互感器及用户设备。因此,一般规定线路接地时间不得超过2h。

96. 电力系统在哪些情况下,容易发生内部过电压?

(1)切合空载线路时。(2)切合电容器组时。(3)系统发生谐振时。(4)弧光接地时。(5)切合空载变压器。(6)切高压感应电动机时。

97. 哪些情况易产生操作过电压?

(1)切除空载线路而引起的过电压。(2)空载线路合闸时的过电压。(3)电弧接地过电压。(4)切除空载变压器的过电压。

98. 防止发生倒杆的主要措施有哪些?

(1)加强新建线路的验收工作。(2)加强巡视及时进行维修工作。(3) 提前巡视,发现问题及时抢修。(4) 对低洼和水田及松软土质杆根加固或打临时拉线。(5) 对冻土造成的下沉杆基,开春应及时回填土夯实。

99. 预防断杆事故主要有哪些措施?

(1) 特殊环境和特殊杆型,应防止车撞,挂出标示牌、打隔离桩。(2) 重点巡视特殊杆型,拉线丢失导致电杆受力不均,造成倒杆或断杆。(3) 正杆前,先上杆把正杆的绳套绑好,下杆后方可挖土,如有卡盘、石头,要加大杆基的挖土量,清除石头后再正杆,以防拉断电杆。

100. 在线路施工中,导线受损会产生什么后果?

(1) 导线受损后,在运行中易产生电晕,形成电晕损失和弱电干扰。(2) 机械强度降低易发生断线事故。(3) 电气性能降低。

101. 导线振动有哪些危害?

(1) 线夹端口部分导线的疲劳折断。(2) 甚至造成金具、铁塔构件损坏。(3) 螺栓松动。(4) 绝缘子胶装部分破碎等一系列事故的发生。

102. 引起架空线路导线弧垂变化的原因有哪些?

(1) 架空线的初伸长。(2) 设计、施工观察的错误。(3) 耐张杆位移或变形。(4) 拉线松动、横担扭转、杆塔倾斜。(5) 导线质量不好。(6) 线路长期过负荷。(7) 自然气候的影响。

103. 架空线路导线故障一般可分为哪几类?

(1) 导线的混连短路故障。(2) 导线拉断故障。(3) 导线的接头故障。(4) 导线振动造成的断股、断线故障。

104. 填用第一种工作票的工作有哪些?

(1) 在停电线路(或在双回线路中的一回停电线路)上

的工作。（2）在全部或部分停电的配电变压器台架上或配电变压器室内的工作。（3）在停电线路或同杆塔架设多回线路中的部分停电线路上的工作。（4）在全部或部分停电的配电设备上的工作。（5）高压电力电缆停电的工作。

105. 填用第二种工作票的工作有哪些？

（1）带电作业。（2）带电线路杆塔上的工作。（3）在运行中的配电变压器台上或配电变压器室内的工作。（4）高压电力电缆不需停电的工作。

106. 倒闸操作时应注意哪些事项？

（1）倒闸操作应由两人进行，一人操作，一人监护并认真执行监护复诵制。发布命令和复诵命令都应严肃认真。（2）使用正规操作术语，准确清晰，按操作票顺序进行逐项操作，每操作完一项，做一个"√"记号。（3）操作机械传动的断路器（开关）或隔离开关（刀闸）时，应戴绝缘手套。没有机械传动的断路器（开关）、隔离开关（刀闸）和跌落熔断器，应使用合格的绝缘杆进行操作。雨天操作应使用有防雨罩的绝缘杆。（4）凡登杆进行倒闸操作时，操作人员应戴安全帽，并使用安全带。操作柱上油断路器（开关）时，应有防止断路器（开关）爆炸的措施，以免伤人。（5）倒闸操作应使用倒闸操作票，倒闸操作票应根据值班调度员（工区值班员）的操作命令（口头电话或传真电子邮件）填写或打印倒闸操作票。操作命令应清楚明确，受令人应将指令内容向发令人复诵，核对无误，发令人发布指令的全过程（包括对方复诵命令）和听取指令的报告时，都要录音并做好记录。（6）事故应急处理和拉合断路器的单一操作可不使用操作票。操作票应用钢笔或圆珠笔填写，用计算机打印的操作票应与手写格式票面统一，操作票应清楚整洁，不得任意涂改。操作票应填写设备双重名称,即设备名称和编号。操作人和监护人应根据模拟图核对所填写的操作项目,并分别签名。(7)倒闸操作前,应按操作票顺序在模拟图或接线上预演核对无误后执行。操作前后都应检查核对现场设备名称编号和断路器(开关)隔离开关(刀闸)的断合位置。(8)电气设备操作后的位置应以设备实际位置为准,无法看到实际位置时,可通过设备机械位置电气指示仪表及各种遥测信号的变化,才能确认设备已操作到位。

107. 倒闸操作前后应注意哪些问题?

(1)倒闸操作前,应按照操作票顺序与核对模拟图版且两者相符。(2)操作前后都应核对现场设备名称、编号和断路器、隔离开关断合的位置。(3)操作完毕,受令人应该立即告诉发令人。

108. 倒闸操作期间发生疑问时应怎么办?

(1)不准擅自改变操作票。(2)必须向值班调度员或工区值班员报告。(3)弄清楚问题后,再进行操作。

109. 工作许可人通知工作负责人可以开始工作的命令,可采用哪几种方式传达?

(1)电话下达。(2)当面下达。(3)派人送达。

110. 登杆前须做哪些工作?

(1)上杆前,应先检查杆根是否牢固。(2)新立电杆在杆基未完全牢固以前,严禁攀登。(3)遇有冲刷、起土、上拔的电杆,应先培土加固或支好杆架、或打临时拉绳后,再行上杆。(4)凡松动导线、地线、拉线的电杆,应先检查杆根,并打好临时拉线或支好架杆后,再行上杆。(5)上杆前,应先检查登杆工具,如脚扣、升降板、安全带、梯子等是否完整牢靠。

111. 在杆塔上工作须注意什么？

（1）在杆、塔上工作，必须使用安全带和戴安全帽。（2）安全带应系在电杆及牢固的构件上，应防止安全带从杆顶脱出或被锋利物伤害。（3）系安全带后必须检查扣环是否扣牢。（4）在杆塔上作业转位时，不得失去安全带保护。（5）杆塔上有人工作时，不准调整或拆除拉线。（6）使用的工具、材料应用绳索传递，不得乱扔。（7）杆下应防止行人逗留。

112. 进行电容器停电工作时应注意什么？

进行电容器停电工作时，应先断开电源，将电容器充分放电接地后，才能进行工作。

113. 在配电变压器台（架、室）上进行工作应该注意什么？

在配电变压器台（架、室）上进行工作不论线路已否停电，必须先拉开低压刀闸（不包括低压熔断器），后拉开高压隔离开关（刀闸）或跌落熔断器，在停电的高压引线上接地。上述操作在工作负责人监护下进行时，可不用操作票。

114. 砍伐树木应当注意什么？

（1）在线路带电情况下，砍伐靠近线路的树木时，工作负责人必须在工作开始前，向全体人员说明：电力线路有电，不得攀登杆塔，树木、绳索不得接触导线。（2）上树砍剪树木时，不应攀抓脆弱和枯死的树枝，人和绳索应与导线保持安全距离，应注意马蜂，并使用安全带，不应攀登已经锯过的或砍过的未断树木。（3）为防止树木（树枝）倒落在导线上，应设法用绳索将其拉向与导线相反的方向，绳索应有足够的长度，以免拉绳的人员被倒落的树木砸伤，树枝接触高压带电导线时，严禁用手直接去取。（4）砍剪的树木下面和倒树范围内应有专人监护，不得有人逗留，防止砸伤行人。

115. 挖杆坑注意事项有哪些？

（1）挖坑时要注意安全，不要在坑边堆放工用具及其他重物以免跌入坑中伤人，挖到一定深度时，应防止塌方，坑内人员要戴好安全帽，做好防护措施。（2）如果挖好坑后不能立即立杆，应设遮拦和警示牌，以免行人坠入坑内。（3）基坑深度误差允许+10cm，-5cm。

116. 电力电缆线路试验的安全措施有哪些？

（1）电力电缆试验要拆除接地线时，应征得工作许可人的许可（根据调度员命令装设的接地线，应征得调度员的许可），方可进行，工作完毕后立即恢复。（2）电缆耐压试验前，加压端应做好安全措施，防止人员误入试验场所，另一端应挂上警示牌，如另一端是上杆的或是锯断电缆处，应派人看守。（3）电缆的试验过程中，更换试验引线时，应先对设备充分放电，作业人员应带好绝缘手套。（4）电缆耐压试验分相进行时，另两相电缆应接地。（5）电缆试验结束，应对被试验电缆进行充分放电，并在被试验电缆上加装临时接地线，待电缆另一侧电缆头接好后，方可拆除。（6）电缆故障声测定点时，禁止直接用手触摸电缆外皮或冒烟小洞，以免触电。

117. 指针式万用表转换开关旋钮周围符号的含义是什么？

其中"Ω"表示测量电阻，以欧姆为单位；"×"表示倍率；"k"表示"1000"；"×10k"表示表盘"Ω"刻度线读数乘以"10000"，如刻度指示"4"即表示所测值为"40000Ω"；"V"表示测量直流电压，以伏特为单位；"V～"

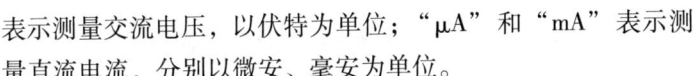

表示测量交流电压,以伏特为单位;"μA"和"mA"表示测量直流电流,分别以微安、毫安为单位。

118. 指针式万用表插孔(或接线柱)的选择方法是什么?

红色测试棒的连线应接到红色接线柱上或标有"+"号的插孔内,黑色测试棒应接到黑色接线柱上或标有"-"号的插孔内。在测量直流电压或电流时,应使红色测试棒接到被测对象的正极,黑色测试棒接到被测对象的负极。

119. 指针式万用表如何进行零位调整?

指针式万用表头中,下部有一个机械螺钉可手动调零。按照表头内"+"或"-"符号,垂直或水平放置万用表。对于 MF—10 型万用表则应水平放置。每次使用万用表时,应先检查其指针是否在标度尺的起始点上,若有移动,应调节调零螺钉,使其表处于标度尺的起始点。

120. 在使用指针式万用表的欧姆挡测量直流电阻时应注意什么?

(1)选择适当倍率挡。(2)调零。(3)不能带电测量。(4)被测对象不应有并联支路,包括人体电阻,以免影响测量精确度。(5)晶体管参数测量要用低压高倍率挡。(6)不允许用万用表的欧姆挡直接去测量微安表头、检流计、标准电池等仪表仪器。(7)利用万用表欧姆挡判别仪表(不能带电)的正负接线端或整流元件的正、反方向时,应注意,万用表内附干电池的负极与表面"+"接线柱相连,因此电流是从"-"接线柱流出,流经外接元件,然后再回到"+"接线柱的。(8)除测量需要外,不要让两根测试棒短接,以免浪费干电池。

121. 使用接地摇表测量接地电阻时应注意哪些事项？

（1）测量接地电阻时，必须将被测接地装置与避雷线或被保护的电气设备断开。（2）接地电阻应在一年中最干燥的季节测量，雨后不应立即测量接地电阻，测量时由于土壤的干湿情况不同，应将仪表读数乘上土壤干湿系数 ψ，该值即为接地电阻值。（3）测量接地电阻时，应把仪表放平、调零，使指针指在红线上。手摇发电机的速度应保持在120r/min，当指针稳定不动时读数，如果摇表指针摆动不定，则需改变手摇发动机的转速，以抗衡外界干扰，使指针稳定。

二、HSE 知识

（一）名词解释

1. 静电：由于物体与物体之间的紧密接触和分离，或相互摩擦，发生了电荷转移，破坏了物体原子中的正负电荷的平衡而产生的电。

2. 触电：电流通过人体与大地或其他导体形成回路。

3. 跨步电压触电：电气设备绝缘损坏或当输电线路一根导线断线接地时，在导线周围的地面上，由于两脚之间的电位差所形成的触电。

4. 保护接零：在正常情况下，将电器设备不带电的导电部分与低压配电网的零线连接起来，防止漏电发生触电事故。

5. 保护接地：在正常情况下，将电器设备不带电的导电部分与接地体连接起来，防止漏电发生触电事故。

6. 高空作业：凡是在坠落高度基准面2m（含2m）以上，有可能坠落的高处作业称为高空作业。

7. 人体的感知电流：在一定概率下，通过人体引起人有任何感觉的最小电流称为该概率下的感知电流。概率为50%时，成年男子平均感知电流约为1.1mA，成年女子约为0.7mA。

8. 人体的摆脱电流：电流超过感知增大时，发热、刺痛的感觉增加，至电流增大到一定程度，触电者将因肌肉收缩，发生痉挛而紧抓带电体，不能自行摆脱电源。人触电后能自主摆脱的最大电流称为摆脱电流。成年男性平均摆脱电流约为16mA，成年女性约为10.5mA。

9. 人体的致命电流：在较短时间内危及生命的电流称为致命电流。

10. 电击伤害：在发生电击时，电流通过人体的内部，造成人体内部组织的破坏，影响呼吸、心脏和神经系统，严重的电击会导致触电人的死亡。

11. 运用中的电气设备：全部带有电压或一部分带有电压及经操作带有电压的电气设备。

12. 安全色：用不同的颜色表示不同的信息，其目的是使人们能够迅速发现或分辨安全标识和其他不安全因素，预防发生事故。

13. 安全电压：为防止触电事故的发生而采用特定的电源供电的电压。这个电压系列的上限值，在正常和故障情况下，任何两导体之间或一导体与地之间均不得超过交流 (50~500Hz) 电压有效值50V。

14. 紧急救护法：正确解脱电源、心肺复苏法、会止血、会包扎、会转移搬运伤员、会处理急救外伤或中毒等。

15. 个人保安线：用于保护工作人员防止感应电伤害的地线。

16. 低（电）压：用于配电的交流电力系统中1000V及其以下的电压等级。

17. 高（电）压：通常指超过低压的电压等级。特定情况下，指电力系统中输电的电压等级。

（二）问答

1. 人体发生触电的原因是什么？

在电路中，人体的一部分接触相线，另一部分接触其他导体，就会发生触电。触电的原因：（1）违规操作。（2）绝缘性能差漏电，接地保护失灵，设备外壳带电。（3）工作环境过于潮湿，未采取预防触电措施。（4）接触断落的架空输电线或地下电缆漏电。

2. 触电分为哪几种？

主要分为单相触电、两相触电、跨步电压触电三种。

3. 触电的现场急救方法主要有几种？

人工呼吸法、人工胸外心脏挤压法两种。

4. 发生人身触电应该怎么办？

（1）当发现有人触电时，应先断开电源。（2）在未切断电源时，为争取时间可用干燥的木棒、绝缘物拨开电线或站在干燥木板上或穿绝缘鞋用一只手去拉触电者，使之脱离电源，然后进行抢救。人在高处应防止脱电后落地摔伤。（3）触电后昏迷但又有呼吸者应抬到温暖、空气流通的地方休息，如呼吸困难或停止，就立即进行人工呼吸。

5. 如何使触电者脱离电源？

（1）尽快断开与触电者有关的电源开关。（2）用相适应的绝缘物使触电者脱离电源。（3）现场可采用短路法使断路器跳闸或用绝缘杆挑开导线。(4)脱离电源时要防止触电者摔伤。

6. 预防触电事故的措施有哪些?

(1)采用安全电压。(2)保证绝缘性能。(3)采用屏护。(4)保持安全距离。(5)合理选用电器设备。(6)装设漏电保护器。(7)保护接地与接零等。

7. 安全用电注意事项有哪些?

(1)手潮湿(有水或出汗)不能接触带电设备和电源线。(2)各种电器设备,如电动机、启动器、变压器等金属外壳必须有接地线。(3)电路开关一定要安装在火线上。(4)在接、换熔断丝时,应切断电源。熔断丝要根据电路中的电流大小选用,不能用其他金属代替熔断丝。(5)正确地选用电线,根据电流的大小确定导线的规格及型号。(6)人体不要直接与通电设备接触,应用装有绝缘柄的工具(绝缘手柄的夹钳等)操作电器设备。(7)电器设备发生火灾时,应立即切断电源,并用二氧化碳灭火器灭火,切不可用水或泡沫灭火器灭火。(8)高大建筑物必须安装避雷器,如发现温升过高,绝缘下降时,应及时查明原因,消除故障。(9)发现架空电线破断、落地时,人员要离开电线地点8m以外,要有专人看守,并迅速组织抢修。

8. 火灾过程一般分为哪几个阶段?

火灾过程一般可分为初起阶段、发展阶段、猛烈阶段、下降阶段和熄灭阶段。

9. 扑救火灾的原则是什么?

(1)报警早,损失少。(2)边报警,边扑救。(3)先控制,后灭火。(4)先救人,后救物。(5)防中毒,防窒息。

(6)听指挥,莫惊慌。

10. 目前油田常用的灭火器有哪些?

目前油田常用的灭火器有泡沫灭火器、二氧化碳灭火器、干粉灭火器等。

11. 手提式干粉灭火器如何使用?适用哪些火灾的扑救?

(1)使用方法:首先拔掉保险销,然后一手将拉环拉起或压下压把,另一只手握住喷管,对准火源。(2)适用范围:扑救液体火灾、带电设备火灾和遇水燃烧等物品的火灾,特别适用于扑救气体火灾。

12. 使用干粉灭火器的注意事项有哪些?

(1)要注意风向和火势,确保人员安全。(2)操作时要保持竖直不能横置或倒置,否则易导致不能将灭火剂喷出。

13. 如何报火警?

一旦失火,要立即报警,报警越早,损失越小,打电话时,一定要沉着。首先,要记清火警电话"119",接通电话后,要向接警中心讲清失火单位的名称地址、什么东西着火、火势大小,以及火势的范围。同时,还要注意听清对方提出的问题,以便正确回答。随后,把自己的电话号码和姓名告诉对方,以便联系。打完电话后,要立即派人到交叉路口等待消防车的到来,以利于引导消防车迅速赶到火灾现场。还要迅速组织人员疏散消防通道,消除障碍物,使消防车到达火场后能立即进入最佳位置灭火救援。

14. 油、气、电着火如何处理?

(1)切断油、气、电源,放掉容器内压力,隔离或搬走易燃物。(2)刚起火或小面积着火,在人身安全得到保证的情况下要迅速灭火,可用灭火器、湿毛毡、棉衣等灭火,若不能及时灭火,要控制火势,阻止火势向油、气方向蔓延。(3)大面积着火,或火势较猛,应立即报火警。(4)油池着火,勿用水灭火。(5)电器着火,在没切断电源时,只能用二氧化碳、干粉等灭火器灭火。

15. 对火灾事故"四不放过"的处理原则是什么?

(1)事故原因分析不清不放过。(2)事故责任者和群众没有受到教育不放过。(3)事故责任者没有受到处罚不放过。(4)没有整改措施不放过。

16. 高空作业级别是如何划分的?

(1)作业高度在2~5m时,称为一级高空作业。(2)作业高度在5~15m时,称为二级高空作业。(3)作业高度在15~30m时,称为三级高空作业。(4)作业高度在30m以上时,称为特级高空作业。

17. 登高巡回检查应注意什么?

(1)五级以上大风、雪、雷雨等恶劣天气,禁止登高检查。(2)禁止攀登有积雪、积冰的梯子。(3)2m以上的登高检查和作业时必须系安全带。

18. 安全带通常使用期限为几年?几年抽检一次?

安全带通常使用期限为3~5年,发现异常应提前报废。一般安全带使用2年后,按批量购入情况应抽检一次。

19. 使用安全带时有哪些注意事项?

(1)安全带应高挂低用,注意防止摆动碰撞,使用3m以上的长绳时应加缓冲器,自锁钩用吊绳例外。(2)缓冲器、速差式装置和自锁钩可以串联使用。(3)不准将绳打结使用,也不准将钩直接挂在安全绳上使用,应挂在连接环上用。(4)安全带上的各种部件不得任意拆卸,更换新绳时应注意加绳套。

20. 哪些伤害必须就地抢救?

触电、中毒、淹溺、中暑、失血。

21. 外伤急救步骤是什么?

止血、包扎、固定、送医院。

22. 烧烫伤急救要点是什么?

(1) 迅速熄灭身体上的火焰,减轻烧伤。(2) 用冷水冲洗、冷敷或浸泡肢体,降低皮肤温度。(3) 用干净纱布或被单覆盖和包裹烧伤创面,切忌在烧伤处涂各种药水和药膏。(4) 可给烧伤伤员口服自制烧伤饮料糖盐水,切忌给烧伤伤员喝白开水。(5) 搬运烧伤伤员,动作要轻柔、平稳,尽量不要拖拉、滚动,以免加重皮肤损伤。

23. 触电急救有哪些原则?

进行触电急救,应坚持迅速、就地、准确、坚持的原则。

24. 触电急救要点是什么?

(1) 迅速切断电源。(2) 若无法立即切断电源时,用绝缘物品使触电者脱离电源。(3) 保持呼吸道畅通。(4) 立即呼叫"120"急救电话,请求救治。(5) 如呼吸、心跳停止,应立即进行心肺复苏。(6) 妥善处理局部电烧伤的伤口。

25. 如何判定触电伤员呼吸、心跳?

触电伤员如意识丧失,应在10s内,用看、听、试的方法,判定伤员呼吸心跳情况。看:看伤员的胸部、腹部有无起伏动作。听:用耳贴近伤员的口鼻处,听有无呼气声音。试:试测口鼻有无呼气的气流,再用两手指轻试一侧(左或右)喉结旁凹陷处的颈动脉有无搏动。若看、听、试结果,既无呼吸又无颈动脉搏动,可判定呼吸心跳停止。

26. 高空坠落急救要点是什么?

(1)坠落在地的伤员,应初步检查伤情,不要搬动摇晃。(2)立即呼叫"120"急救电话,请求救治。(3)采取初步急救措施:止血、包扎、固定。(4)注意固定颈部、胸腰部脊椎,搬运时保持动作一致平稳,避免脊柱弯曲扭动加重伤情。

27. 如何进行口对口(鼻)人工呼吸?

在保持伤员气道通畅的同时救护人员用放在伤员额上的手的手指捏住伤员鼻翼,救护人员深吸气后,与伤员口对口紧合,在不漏气的情况下,先连续大口吹气两次,每次1~1.5s。如两次吹气后试测颈动脉仍无搏动,可判断心跳已经停止,要立即同时进行胸外按压。除开始时大口吹气两次外,正常口对口(鼻)呼吸的吹气量不需过大,以免引起胃膨胀,吹气和放松时要注意伤员胸部应有起伏的呼吸动作。触电伤员如牙关紧闭,可口对鼻人工呼吸。口对鼻人工呼吸吹气时,要将伤员嘴唇紧闭,防止漏气。

28. 如何对伤员进行胸外按压?

(1)救护人员右手的食指和中指沿触电伤员的右侧肋弓下缘向上,找到肋骨和胸骨接合处的中点。(2)两手指并齐,中指放在切迹中点(剑突底部),食指平放在胸骨下部。(3)另一只手的掌根紧挨食指上缘,置于胸骨上,找准正确按压位置。(4)救护人员的两肩位于伤员胸骨正上方,两臂伸直,肘关节固定不屈,两手掌根相叠,手指翘起,不接触伤员胸壁。(5)以髋关节为支点,利用上身的重力,垂直将正常人胸骨压陷 3~5cm（儿童和瘦弱者酌减）。(6) 压至要求程度后，立即全部放松，但放松时救护人员的掌根不得离开胸壁。按压必须有效，有效的标志是按压过程中可以触及颈动脉搏动。

29. 心肺复苏法操作频率有什么规定？

(1) 胸外按压要以均匀速度进行，每分钟 80 次左右，每次按压和放松的时间相等。(2) 胸外按压与口对口（鼻）人工呼吸同时进行，其节奏为：单人抢救时，每按压 15 次后吹气 2 次（15:2），反复进行。双人抢救时，每按压 5 次后由另一人吹气 1 次（5:1），反复进行。

30. 紧急救护的基本原则及成功的关键是什么？

紧急救护的基本原则是：在现场采取积极措施保护伤员生命、减轻伤情、减轻痛苦，并根据伤情需要，迅速联系医疗部门救治。急救成功的关键是动作快、操作正确，任何拖延和操作错误都会导致伤员伤情加重或死亡。

31. 电气火灾的特点是什么？

电气火灾一个特点是着火后电气设备可能是带电的，若不注意，可能引起触电事故，即火灾事故和人体触电危险同时存在。另一个特点是有些电气设备（如电力变压器、多油断路器等）本身充装有大量的油，在火灾发生时，可能发生喷油甚至爆炸，即火灾事故与爆炸危险同时存在。

32. 电气设备发生火灾，在灭火前切断电源应注意什么？

发现电气设备起火后，应首先设法切断有关电源，切断电源时要注意以下几点：(1) 火灾发生后，由于受潮或烟熏，开关设备绝缘能力降低，因此，拉闸时最好用绝缘工具操作。(2) 高压应先拉断路器而不应先操作隔离开关切断电源。低压应先操作磁力启动器而不应先操作刀开关切断电源。以免弧光短路或烧伤人员。(3) 切断电源的地点要选择适当,防止切断电源后影响灭火工作。(4) 剪断电线时,不同相电线应在不同部位剪断,以免造成短路,剪断空中电线时,剪断位置应选择在电源方向支持物附近,以防止电线剪断后掉落下来造成接地短路或触电事故。(5) 剪断电线时,无论线路带电与否,均应视为线路带电,使用剪钳的绝缘性能必须良好,必须在试验周期范围内。

33. 职业病危害因素有哪些?

指劳动者职业活动中可能在作业场所接触到的粉尘、化学性毒物、物理因素、生物因素等可能导致职业病的各种有害因素。

34. 电力专业安全生产禁令是什么?

(1) 严禁在禁烟区吸烟、酒后上岗。(2) 严禁高处作业不系安全带、恶劣天气高处作业。(3) 严禁无操作证从事电气、电气焊、起重作业。(4) 严禁违反操作规程进行用火、进入受限空间、临时用电作业。(5) 严禁无有效票证、无监护进行进网电气作业。(6) 严禁擅自投、停设备联锁、保护装置及使用不合格的绝缘器具、防护用具进行电气操作。(7) 严禁不使用绝缘器具、防护用具进行电气操作。(8) 严禁带负荷操作刀闸、带接地线合闸、带电挂接地线和作业前不验电。(9) 严禁在 DCS/ESD 等操作系统中私自安装软件或使用个人存储设备。(10) 严禁违章指挥和其他违章作业。

35. 常用标识牌悬挂地点和式样是什么?

常用标识牌悬挂地点和式样见表4。

表4　常用标识牌悬挂地点和式样表

名　称	悬　挂　处	式样 颜色	字样
禁止合闸，有人工作！	一经合闸即可送电到施工设备的隔离开关（刀闸）操作把手上	白色，红色圆形斜杠，黑色禁止标识符号	黑字
禁止合闸，线路有人工作！	线路隔离开关（刀闸）把手上	白色，红色圆形斜杠，黑色禁止标识符号	黑字
在此工作！	工作地点或检修设备上	衬底为绿色，中有直径200mm和65mm白圆圈	黑字，写于白圆圈中
止步，高压危险！	施工地点临近带电设备的遮栏上；室外工作地点的围栏上；禁止通行的过道上；高压试验地点；室外构架上；工作地点临近带电设备的横梁上	白底，黑色正三角形及标识符号，衬底为黄色	黑字
从此上下！	工作人员可以上下的铁架、爬梯上	衬底为绿色，中有直径200mm白圆圈	黑字，写于白圆圈中
从此上下！	室外工作地点的围栏的出入口处	衬底为绿色，中有直径200mm白圆圈	黑字，写于白圆圈中
禁止攀登，高压危险！	高压配电装置构架的爬梯上；变压器、电抗器等设备的爬梯上	白底，红色圆形斜杠，黑色禁止标识符号	黑字

36. 在带电线路上工作与带电导线最小安全距离是多少？

在带电线路上工作与带电导线最小安全距离见表5。

表5 带电线路上工作与带电导线最小距离表

电压等级 （kV）	安全距离 （m）
≤10	0.7
20、35	1.0
66、110	1.5
220	3.0
330	4.0
500	5.0
750	8.0
1000	9.5

37. 电气工作人员必须具备哪些条件？

（1）经医师鉴定，无妨碍工作的病症（体格检查约两年一次）。（2）具备必要的电气知识，且按其职务和工作性质，熟悉《电业安全工作规程》中发电厂和变电所电气部分、电力线路部分、热力和机械部分的有关部分，并经考试合格。（3）学会紧急救护法，特别要学会触电急救。

38. 保证安全的组织措施是什么？

（1）现场勘查制度。（2）工作票制度。（3）工作许可制度。（4）工作监护制度。（5）工作间断制度。（6）工作终结和恢复送电制度。

39. 保证安全的技术措施是什么？

（1）停电。（2）验电。（3）装设接地线。（4）使用个人保安线。（5）悬挂标识牌和装设遮栏。

40. 工作票签发人的安全责任有哪些?

(1)工作必要性。(2)工作是否安全。(3)工作票上所填安全措施否正确完备。(4)所派工作负责人和工作班人员是否适当和充足。

41. 工作负责人(监护人)的安全责任有哪些?

(1)正确安全地组织工作。(2)负责检查工作票所列安全措施是否正确完备和工作许可人所做的安全措施是否符合现场实际条件,必要时予以补充。(3)工作前对工作班成员进行危险点告知交待安全组织措施和技术措施,并确认每一个工作班成员都已知晓。(4)严格执行工作票所列安全措施。(5)督促、监护工作人员遵守本规程正确使用劳动保护用品和执行现场安全措施。(6)工作班成员精神状态是否良好。(7)工作班成员变动是否合适。

42. 工作许可人(值班调度员、工区值班员或变电所值班员)的安全责任有哪些?

(1)审查工作必要性。(2)线路停、送电和许可工作的命令是否正确。(3)发电厂或变电所线路的接地线等安全措施是否正确完备。

43. 工作班成员的安全责任有哪些?

(1)明确工作内容、工作流程、安全措施、工作中的危险点并履行确认手续。(2)严格遵守安全规章制度、技术规程和劳动纪律,正确使用安全工具和劳动保护用品。(3)相互关心工作安全,并监督本规程和现场安全措施的实施。

44. 带电作业应注意哪些事项?

(1)带电作业的操作人员应经专业操作训练。(2)所有工具必须试验合格。(3) 人身与带电体的安全距离以及绝缘工具的有效绝缘长度应符合规定要求。

45. 电气设备上的安全色标识有哪些?

在电气上用黄、绿、红三色分别代表 L1（A）、L2（B）、L3（C）三个相序。涂成红色的电器外壳是表示其外壳有电。灰色的电器外壳是表示其外壳接地或接零。线路上黑色代表工作零线。明敷接地扁钢或圆钢涂黑色。用黄绿双色绝缘导线代表保护零线，直流电中红色代表正极，蓝色代表负极，信号和警告回路用白色。

46. 绝缘安全工器具的试验周期是多少时间?

（1）验电器1年。（2）短路接地线小于等于5年。（3）个人保安线小于等于5年。（4）绝缘杆1年。（5）核相器1年。（6）绝缘罩1年。（7）绝缘隔板1年。（8）绝缘胶垫1年。（9）绝缘靴半年。（10）绝缘手套半年。（11）导电鞋穿用小于等于200h。（12）绝缘夹钳1年。（13）绝缘绳半年。

第三部分 基本技能

一、操作技能

1. 用脚扣登杆

准备工作:

(1) 正确穿戴劳动保护用品。

(2) 工具材料准备:安全帽1顶,安全带1副,脚扣1副,ϕ190mm×11000mm 砼电杆1基。

操作程序:

(1) 登杆前,应核对工作内容及杆号。

(2) 检查杆根及杆身是否有裂纹,(对特殊杆型,要检查拉线是否紧固)。

(3) 检查脚扣及安全带是否有裂纹或损坏。

(4) 将安全带扣结在腰部偏下的位置。

(5) 登杆前,对脚扣进行人体载荷冲击试验。

(6) 左脚向上跨扣,右手同时向上扶电杆。右脚向上跨扣,左手同时向上扶电杆。上杆时两只脚扣不应相交或相碰。

(7) 上杆至1m以上时,系好安全带。

(8) 上杆中应随电杆杆径减小而缩小脚扣。

(9) 登杆至施工位置时,两脚扣交叉站稳。

(10) 下杆时,左脚向下跨扣,右手同时向下扶电杆。右脚向下跨扣,左手同时向下扶电杆。下杆时两只脚扣不应相交或相碰。下杆中应随电杆杆径增大而伸长脚扣。

(11) 下杆至1m以下时,解开安全带。

(12) 清理现场,收拾工具、用具。

操作安全提示:

(1) 上杆前,应认真检查登杆用具及杆根、杆身及拉线。

(2) 上杆至1m后,应系安全带。

(3) 两只脚扣不能相交,也不能相碰。

(4) 上、下杆时,两手放在电杆的两边,稍微用力夹住电杆,腰背稍向后突出,胸部和电杆保持一定距离。

(5) 手和脚的动作顺序应协调一致。

2. 识别配电线路常用材料及设备

准备工作:

(1) 正确穿戴劳动保护用品。

(2) 工具材料准备:记录纸1张,记录笔1支,绝缘子若干,金具若干,钢芯铝绞线若干。

操作程序:

(1) 材料进行外观检查后,进行材料识别。

(2) P—10T 绝缘子。

(3) PS—15T 绝缘子。

(4) PSG—15T/300 高压柱式绝缘子。

(5) XP—4.5 绝缘子。

(6) FXBW4—10/70 复合悬式棒形绝缘子。

(7) NLD—1 型螺栓形耐张线夹。

(8) NLD—2 型螺栓形耐张线夹。

(9) NLD—3 型螺栓形耐张线夹。

(10) JB—3 型并沟线夹。

(11) JB—1 型并沟线夹。

(12) JBB—1 型铁并沟线夹。

(13) W—7B 型单联碗头挂板。

(14) W—7A 型单联碗头挂板。

(15) Q—7 型球头挂环。

(16) NX—1 型楔形耐张线夹。

(17) NUT 型楔形可调耐张线夹。

(18) Z—7 型直角挂板。

(19) LGJ—120 钢芯铝绞线。

(20) LGJ—50 钢芯铝绞线。

(21) 根据给定的几种导线及金具，选出材料，材料表上填写选出材料的型号、规格和用途。

(22) 将选出的材料放到原位。

操作安全提示：

(1) 取放材料时，注意不要划伤或砸伤手。

(2) 瓷质绝缘子要小心轻放。

3. 10kV 耐张杆备料

准备工作：

(1) 正确穿戴劳动保护用品。

(2) 工具材料准备：记录纸 1 张，记录笔 1 支，直尺 1 把。

操作程序：

(1) 列出料表、标明材料名称、材料规格及数量。

(2) 按照料表中所列材料的名称、规格型号、数量选择材料。

ϕ190mm×11000mm砼电杆1基，DP6底盘1块，ϕ190mm顶铁抱箍1副，XP—4.5悬式绝缘子12片，Z—7直角挂板6个，W—7B碗头挂板6个，Q—7球头挂环6个，P—10T针式绝缘子1只，∠63×6×1500承力横担1套，NLD—2耐张线夹6个，LGJ—95钢芯铝绞线若干，JB—2并沟线夹3个，GJ—50钢绞线若干，NUT—2耐张线夹2个，NX—2楔形线夹2个，ϕ190mm拉线抱箍1副，ϕ18mm×2420mm拉线棒2根，LP—8拉线盘2块，铝包带若干，绑线若干。

（3）对所有选出的材料外观进行检查，看是否有损坏的材料。

（4）清理现场。

操作安全提示：

（1）取放材料时，注意不要划伤或砸伤手。

（2）瓷质绝缘子要小心轻放。

4. 地面组装耐张线夹

准备工作：

（1）正确穿戴劳动保护用品。

（2）工具材料准备：250mm活动扳手1把，钢丝钳1把，NLD—3耐张线夹1个，LGJ—120钢芯铝绞线若干，铝包带若干。

操作程序：

（1）在导线的端头缠铝包带，铝包带缠绕方向应与外层导线缠绕方向一致。缠绕的铝包带应超出线夹两端各10~20mm。

（2）卸下耐张线夹的全部压杠。

（3）把缠有铝包线的导线从耐张线夹连接悬式绝缘子端

穿入线夹线槽内,并贴紧线槽,把铝包带的端头压在线夹中。

(4) 调节U形螺栓紧固螺钉,装上压杠,稍拧紧螺母,摆正压杠,按以上方法装上全部压杠。

(5) 紧固U形螺栓,U形螺栓紧固要均匀。

(6) 做好回头。

(7) 组装结束后,检查螺栓是否紧固。

(8) 清理现场,整理工具。

操作安全提示:

(1) 铝包带缠绕方向应与外层导线缠绕方向一致。缠绕的铝包带应超出线夹两端各 10~20mm。

(2) 把缠有铝包线的导线从线夹螺栓端穿入耐张线夹线槽内,并贴紧线槽。

(3) 压杠要摆正。

(4) 注意不要压伤手指。

5. 配电线路 45°~90°转角杆备料及地面组装

准备工作:

(1) 正确穿戴劳动保护用品。

(2) 工具材料准备:250mm 活动扳手 2 把,钢丝钳 1 把,卷尺 1 个,ϕ190mm × 12000mm 砼电杆 1 根,DP6 底盘 1 块,∠75 × 8 × 1500 承力横担 2 副,ϕ190mm 顶铁抱箍 1 副,ϕ190mm 中导抱箍 1 副,P—10T 针式绝缘子 2 只,XP—4.5 悬式绝缘子 12 片,LGJ—70mm^2 导线若干米,JB—2 并沟线夹 3 个,NLD—2 耐张线夹 6 个,W—7B 碗头挂板 6 个,Z—7 直角挂板 6 个,P—7 平行挂板 2 个,Q—7 球头挂环 6 个,ϕ220mm 拉线抱箍 2 副,GJ—50 钢绞线线若干米,NUT—2 耐张线夹 2 个,NX—2 楔形线夹 2 个,LP8 拉线盘 2 块,ϕ18mm × 2420mm 拉线棒 2 根,铝包带若干米。

操作程序：

(1) 填写配电线路45°～90°转角杆主要材料表。(根据导线的相应材料进行准备。)

(2) 地面组装。

①对材料、设备进行外观检查。

②将吊车挂钩上的钢丝绳绑扎在电杆适当的位置上，随后吊车挂钩开始上拉，将电杆杆头吊离地面约1m，然后停止操作，查看吊车挂钩和钢丝绳受力情况。

③在距离杆头1200mm的地方，安装下横担。

④在距离杆头1000mm的地方，安装一副拉线抱箍。

⑤从下横担向上量取450mm，安装上横担。

⑥在距离杆头550mm的地方，安装一副拉线抱箍。

⑦把导线抱箍套在距离杆顶150mm的地方，将抱箍"耳朵"对准线路方向，进行固定。

⑧紧邻导线抱箍上侧，安装顶铁抱箍。

⑨进行耐张悬式绝缘子及附件的组装：取平行挂板、耐张线夹、球头挂环、碗头挂板各1个，悬式绝缘子1片，按照直角挂板—球头挂环—悬式绝缘子—碗头挂板—耐张线夹的顺序进行组装。

⑩在顶铁、上横担上分别安装1只针式绝缘子，安装位置应在顶铁及上横担的外侧。

操作安全提示：

(1) 列出材料表时应同时列出材料名称、规格型号及数量。

(2) 在备料时，应对材料进行外观检查，不符合规程要求的材料不得选入。

(3) 安装各种材料时，应准确量取材料在电杆固定的位置。

（4）导线抱箍、两个拉线抱箍及上下横担的安装方向应根据线路角度进行核算。

6. 在针式绝缘子顶部绑扎导线

准备工作：

（1）正确穿戴劳动保护用品。

（2）工具材料准备：钢丝钳1把，P—10T针式绝缘子1只，绑扎线若干，铝包带若干，LGJ—50钢芯铝绞线若干。

操作程序：

（1）在LGJ—50钢芯铝绞线上，按导线外层的绞制方向缠绕铝包带，缠绕长度超出与绝缘子接触部分两端各30mm。

（2）一只手把导线扳紧在绝缘子嵌线槽内。

（3）根据导线型号选择铝绑扎线。

（4）在导线右边靠近绝缘子处用直径为2mm绑扎线在导线上绕三圈。

（5）将绑扎线长端按逆时针方向从绝缘子颈槽内围绕到导线左边内侧，贴近绝缘子处在导线上绕三圈。

（6）绑扎线按逆时针方向围绕到导线的外侧，在导线上再绕三圈，位置排在原三圈外侧。

（7）绑扎线再围绕到导线左边，继续缠绕三圈，也排在原三圈外侧。

（8）将绑扎线按逆时针方向围绕到导线右边外侧，斜压住槽顶中导线，继续绕到导线左边内侧。

（9）把绑扎线从导线左边内侧按顺时针方向围绕到导线右边内侧，然后把绑扎线从导线右边内侧斜压住顶槽中导线，并绕到导线左边外侧，使顶槽中导线被绑扎线压成X形。

（10）再重复步骤（8）、（9），使顶槽中导线被绑扎线压成双X形。

（11）绑扎线从导线左边外侧按逆时针方向围绕到绑扎线的短端处，并相交于绝缘子中间互绞6圈后，剪去余端，用钳子拧紧，做好回头。

（12）清理现场，收拾工具、用具。

操作安全提示：

（1）铝包带的缠绕长度超出导线与针式绝缘子接触部分两端各30mm。

（2）导线截面积在$50mm^2$及以下时宜采用直径为2mm绑扎线，导线截面积在$70mm^2$及以上时采用直径为3mm绑扎线。

（3）绑扎线在绝缘子两侧导线上缠绕得要整齐，形成X形的交叉要整齐。

（4）绑扎线缠绕、铰接得要牢固可靠。

7. 在针式绝缘子颈部绑扎导线

准备工作：

（1）正确穿戴劳动保护用品。

（2）工具材料准备：钢丝钳1把，P—10T针式绝缘子1只，绑扎线若干，铝包带若干，LGJ—50钢芯铝绞线若干。

操作程序：

（1）在LGJ—50钢芯铝绞线上，按导线外层的绞制方向缠绕铝包带。

（2）缠绕长度超出与针式绝缘子接触部分两端各30mm。

（3）根据导线型号选择铝绑扎线。

（4）一只手把导线扳紧在绝缘子嵌线槽内，把绑扎线短端先贴近绝缘子处导线右边缠绕三圈。

（5）接着与绑扎线长端互绞6圈。

（6）一只手把导线扳紧在绝缘子嵌线槽内，另一只手把绑扎线长端从绝缘子的背后紧紧绕到导线左下方。

（7）把绑扎线长端从导线左下方围绕到导线右上方。

（8）并如同上法再把绑扎线长端绕扎绝缘子一圈，把绑扎线长端再绕到导线左上方。

（9）继续绕到导线右下方，使绑扎线在导线上形成X形的交叉状。

（10）再把绑扎线围绕到导线左上方。

（11）把绑扎线长端在贴近绝缘子处紧绕导线三圈。

（12）向绝缘子背后绕去，再重复步骤（6）~（9），使绑扎线在导线上形成双X形的交叉状。

（13）与绑扎线短端紧绞6圈后，剪去余端，用钳子拧紧，做好回头。

（14）清理现场，收拾工具、用具。

操作安全提示：

（1）导线截面积在50mm^{2}及以下时宜采用直径为2mm绑扎线，导线截面积在70mm^{2}及以上时采用直径为3mm绑扎线。

（2）铝包带的缠绕长度应超出接触部分30mm。

（3）绑扎线缠绕得要紧密、整齐、牢固和可靠。

8. 结扎常用绳扣

准备工作：

（1）正确穿戴劳动保护用品。

（2）工具材料准备：轻、重物体若干块，尼龙绳、麻绳或棕绳2根。

操作程序：

（1）打十字结（图32）：

①将两条绳子分别对折。
②再将两个绳扣相对,上、下互压。
③再将压在上面绳扣的2个绳头,由压在下面的绳扣内部掏出。
④将绳索拉紧。

图32　十字结

(2) 打水手通常结(图33):
①将一根绳头由重物后垂下。
②再顺时针绕重物三圈后,将绳头从垂下的主绳后绕过。
③再将绳头穿入顺时针结成的绳扣内。
④并使绳头能露出绳扣。
⑤将绳索拉紧。

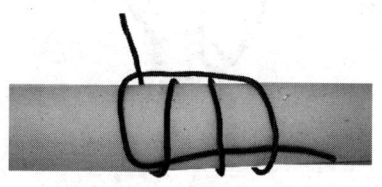

图33　水手通常结

(3) 打终端搭回结(图34):
①将绳子垂下,从适当位置顺时针绕重物三圈。
②将绳头从垂下的主绳后绕过。
③再将绳头穿入顺时针的绳扣内,并将露出的绳头绕折过最近的绳子后,然后再穿入两个顺时针绳扣内,并露头。

④将绳索拉紧。

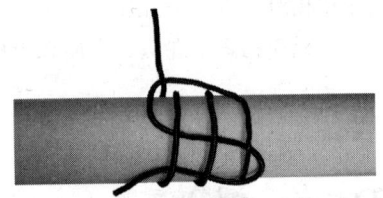

图34 终端搭回结

（4）打牛鼻结（图35）：

①在绳头的适当位置顺时针绕一圈。

②绳头顺时针由绳扣底部穿过绳扣。

③再将绳头逆时针绕过主绳。

④再将绳头穿过第1个顺时针绳扣，并露头。

⑤将绳索拉紧。

图35 牛鼻结

（5）打双套结（图36）：

①将绳子对折成双股绳。

②再将双股绳逆时针绕一圈搭在主绳上。

③接着将双股绳头按顺时针穿过逆时针绳扣。

④再将双股绳头由对折的绳扣内穿出。
⑤将绳索拉紧。

图36 双套结

(6) 打双结（图37）：
①将绳子在适当位置打折。
②顺时针绕主绳一圈后，将绳头由绳扣中掏出。
③再顺时针绕主绳一圈，将绳头由绳扣内掏出。
④将绳索拉紧。

图37 双结

(7) 打死结（图38）：
①将两条绳子对折。
②将对折的绳子绕过重物一圈。

③再将两绳头由绳扣内掏出。
④将绳索拉紧。

图38　死结

(8) 打木匠结（图39）：
①将绳子在适当位置，顺时针绕过重物一圈。
②再由主绳后，逆时针绕一圈后，穿入绳扣内。
③再顺时针缠绕绳扣1圈后，露出绳头。
④将绳索拉紧。

图39　木匠结

(9) 打"8"字结（图40）：
①将绳子在适当位置，顺时针绕重物一圈。
②再由主绳后顺时针绕一圈。
③将绳头中部别入绳扣成"8"字形，绳头不能穿过绳扣。
④将绳索拉紧。

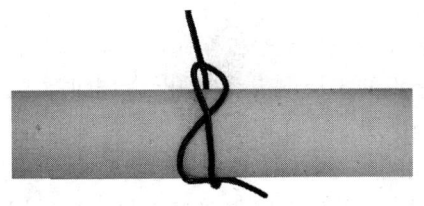

图40 "8"字结

操作安全提示：

（1）要根据重物合理选择绳套。

（2）结扎绳扣要牢固，避免重物脱落。

9. 验电、装、拆接地线

准备工作：

（1）正确穿戴劳动保护用品。

（2）工具材料准备：安全帽1顶，绝缘手套1副，脚扣1副，安全带1副，接地线1组，验电器1只，传递绳1根，接地棒1个。

操作程序：

（1）由工作负责人事先办理好停电工作票，工作负责人接到调度"已经停电，可以工作"的许可命令后，当面通知操作人。

（2）操作人检查验电器，按动按钮，应发出报警。

（3）检查接地线各接点是否牢固。对安全带、脚扣进行外观检查。

（4）系好安全带、传递绳，戴上绝缘手套。

（5）上杆前要核对线路名称及杆号。是否与工作票中的相符，同时检查电杆是否牢固。

（6）上杆，离地1m后，把安全带系在电杆的主杆上，然后再继续上杆。

(7) 上杆至带电体最小安全距离 (0.7m) 以外,进行验电,对同杆架设的多层电力线路进行验电时,先验低压、后验高压,先验下层、后验上层。

(8) 验明线路无电后,进行接地线装设。

(9) 装设接地线时,应先接接地端,然后用传递绳把接地线提到杆上,接导线端,先装设距离近的一相,然后再依次装设其他两相,接地线连接要可靠,不准缠绕,人体不得碰触接地线。

(10) 若电杆无接地引下线时,可采用临时接地棒,接地棒在地下深度不得小于0.6m。

(11) 接地线装设完毕后,下杆,解下安全带,并向工作负责人汇报。

(12) 工作完毕后,工作班人员全部撤离后,工作负责人命令操作人拆除接地线,操作人上杆,系好安全带,拆除接地线。

(13) 应先拆导线端,用传递绳把接地线放到地面,然后拆接地端,拆接地线时,人体不得碰触接地线。

(14) 下杆,解下安全带,并向工作负责人汇报。

(15) 清理现场。

操作安全提示:

(1) 上杆至带电体最小安全距离 (0.7m) 以外,进行验电,验电应逐相进行,对同杆架设的多层电力线路进行验电时,先验低压、后验高压,先验下层、后验上层。

(2) 验电要使用合格的相应电压等级的专用验电器。

(3) 验电后,要对线路逐相进行放电。

(4) 装设接地线时,应先接接地端、后接导线端,接地线连接要可靠,不准缠绕,人体不得碰触接地线,拆接地线时的程序与此相反。

(5) 若有感应电压反映在停电线路上时,应加挂接地线。同时,要注意在拆除接地线时,防止感应电压触电。

10. 更换杆上避雷器

准备工作:

(1) 正确穿戴劳动保护用品。

(2) 工具材料准备:安全帽1顶,脚扣1副,安全带1副,电工工具1套,传递绳1根,2500V兆欧表1块,YH5WS—10/30避雷器1只。

操作程序:

(1) 检查避雷器外观有无损坏。

(2) 核对避雷器额定电压是否与线路电压一致,核对避雷器附件、合格证是否齐全。

(3) 用兆欧表测量避雷器绝缘电阻,其数值应在1000MΩ以上。

(4) 停电,并做好安全措施。

(5) 上杆,系好安全带,安全带系在主杆上。

(6) 卸下避雷器引线固定螺钉。

(7) 卸下避雷器固定螺钉,拆下旧的避雷器。

(8) 用传递绳把旧的避雷器传到地面。

(9) 用传递绳将新的避雷器提到安装位置。

(10) 对正紧固螺钉,相间电气距离大于350mm。

(11) 避雷器应垂直安装,不得倾斜。

(12) 连接避雷器引线,引线连接可靠,电气距离符合要求。

(13) 解开安全带。

(14) 下杆。

(15) 清理现场,收拾工具、用具。

操作安全提示:

(1) 在杆上工作要系好安全带,安全带系在主杆上。

(2) 避雷器要用传递绳进行传递。

(3) 避雷器应垂直安装,不得倾斜。

11. 更换 6kV 线路耐张杆悬式绝缘子

准备工作:

(1) 正确穿戴劳动保护用品。

(2) 工具材料准备:安全帽 1 顶,脚扣 1 副,安全带 1 副,紧线器 1 个,保护绳 1 根,传递绳 1 根,绝缘杆 1 组,验电器 1 只,接地线 2 组,绝缘手套 1 副,标示牌 1 块,XP—4.5 悬式绝缘子 1 片。

操作程序:

(1) 对耐压试验合格的悬式绝缘子外观进行检查,检查有无损坏。

(2) 检查工用具是否完好。

(3) 办理停电工作票。

(4) 对线路进行停电,并悬挂"禁止合闸,线路有人工作"的标示牌。

(5) 用验电器进行验电。

(6) 验明线路确无电压后,装设接地线。

(7) 接到许可开始工作命令,开始登杆作业。

(8) 登杆前,核对线路名称及杆号,检查杆根,拉线。

(9) 登杆过程中系好安全带。

(10) 到达杆顶后,调整安全带,把安全带系在横担上部的主杆上。

（11）把紧线器的挂钩一端挂在横担上。

（12）用紧线器的另一端夹紧导线。

（13）紧线使悬式绝缘子松弛。

（14）用保护绳将导线固定。

（15）拆除旧的悬式绝缘子。

（16）用传递绳放下。

（17）将新的悬式绝缘子用传递绳慢慢提到杆上，防止绝缘子碰到电杆。

（18）安装悬式绝缘子，首先将悬式绝缘子一端安装在球头挂环上，上好弹簧销，然后将悬式绝缘子另一端安装在耐张线夹侧的碗头挂板上，上好销子。

（19）将导线松弛，取下紧线器。

（20）将紧线器用传递绳放到地面，解开保护绳。

（21）拆除安全措施。

（22）解开安全带，下杆。

（23）清理现场，收拾工、用具。

（24）线路恢复送电。

操作安全提示：

（1）登杆前，核对线路名称及杆号，检查杆根，拉线。

（2）操作过程中要系好安全带，安全带要系在电杆的主杆上。

（3）材料和用具用传递绳传递。

12. 更换跌落式熔断器熔断丝

准备工作：

（1）正确穿戴劳动保护用品。

（2）工具材料准备：安全帽1顶，绝缘手套1副，绝缘靴1双,电工工具1套,验电器1只,绝缘杆1组,指针式万用表1块,1000V兆欧表1块,2500V兆欧表1块,绝缘操作台1个,高压熔断丝若干。

操作程序:

(1) 检查试验工具、用具、仪表完好。

(2) 戴绝缘手套,穿绝缘靴。

(3) 拉开低压刀闸。

(4) 拉开跌落式熔断器,站在操作相的正前方的操作台上,双手持绝缘杆,两手一前一后,但前手不得超过绝缘杆护手位置,人距离带电部分不小于2.5m,先拉中相,后拉两边相。

(5) 取下熔断管,用绝缘杆挑住熔管带半轴的一端,平稳地依次取下三个熔断管。

(6) 检查跌落相熔断丝熔断的情况,判断熔断的原因是过载还是短路,并顺便观察未熔断相有无异常。

(7) 检查处理故障,以熔断丝熔断特征作为线索,找出变压器一、二次侧熔断丝熔断的具体原因和故障点,加以消除。

(8) 更换熔断丝,如不属于熔断丝容量选小了的原因,则应更换同容量的熔断丝,将完好的熔断丝,将其两端的多股裸铜丝编织的引线分别紧固在熔断管两端的铜件上,两引线中间的熔断丝应位于熔管中间偏上的地方,熔断丝要绷紧。

(9) 安装熔断管,用绝缘杆将三个熔管分别挂在各相跌落式熔断器下端开口的轴槽中。

(10) 合上跌落式熔断器,先合两边相,再合中相,合好后,要仔细检查鸭嘴舌头能紧紧扣住舌头长度三分之二以上,可用绝缘杆钩住上鸭嘴向下压几下,再轻轻试拉,检查是否合好。

(11) 合上低压刀闸。

操作安全提示:

(1) 操作时必须戴绝缘手套穿绝缘靴。

(2) 必须先拉开低压刀闸,后拉跌落式熔断器。

(3) 摘挂跌落熔断管时,必须使用绝缘杆。

(4) 熔断丝与引线连接紧密可靠,熔断丝绷紧。

(5) 摘挂熔断丝管的顺序应正确。

13. 用接续条连接导线接头

准备工作:

(1) 正确穿戴劳动保护用品。

(2) 工具材料准备:断线钳1把,改锥1把,砂纸1张,乙烯胶带1卷,$50mm^2$ 接续条1套,LGJ—50钢芯铝绞线若干。

操作程序:

(1) 选择接续条,型号要和所连接的导线型号一致。

(2) 将待连接的两个线头用断线钳掐齐,所要连接的导线型号必须相同,绕向要一致。

(3) 在两根铝导线端头分别裹一层乙烯胶带,以防止导线端部散开。

(4) 用砂纸对导线表面整个安装接续条长度内,进行彻底的打磨刷理使其彻底的光亮、清洁。

(5) 将缠有胶带的导线末端置于一组接续条的中心标识处,用一只手握牢,用另一只手将接续条缠绕在导线上。

(6) 将另一根导线末端置于中心标识处,使两根导线末端相距大约1.6mm,用手握牢并将接续条缠绕其上面。

(7) 对齐第一组接续条的中心标识,将第二组接续条在中心标识两侧各绕一至两个节距。

(8)按同样方法安装第三组接续条,然后同时缠绕第二组和第三组接续条,直至各剩两个节距。

(9)装到末端时,为便于安装和防止变形,可将接续条末端分开,把每一股单独缠绕到导线上,并用改锥使其扣紧就位。

(10)连接的导线必须整齐,接续条不得有变形。

(11)清理现场。

操作安全提示:

(1)选择接续条,型号要和所连接的导线型号一致。

(2)所要连接的导线的型号必须相同,绕向要一致。

(3)连接的导线必须整齐,接续条不得有变形。

14. 用叉接法直线连接多股绝缘导线

准备工作:

(1)正确穿戴劳动保护用品。

(2)工具材料准备:钢丝钳1把,电工刀1把,尖嘴钳1把,绝缘导线若干,砂纸、绝缘胶带若干。

操作程序:

(1)绝缘层。用电工刀角切入,15°角平推剖削导线绝缘层,剖削长度适当,剖削绝缘层时不可伤及线芯。

(2)接头。将接头部分拆开并弄平直,用砂布处理绝缘部分的绝缘层,交叉接头,两端待接部分每隔一股相交插入到底然后拢起来。

(3)导线。用电工钳钳紧,依次用各股线缠绕,每股缠绕时7股导线绕10回,19股导线绕7回,各股端头要压绕在线内,缠绕紧密。

(4)最后一根与前股余线拧两个麻花,再在导线上缠5回剪短,编接头长度为:$35 \sim 50 mm^2$ 的绕接 500mm,$70 \sim 95 mm^2$ 的绕接 700mm,$120 mm^2$ 的绕接 800mm。

(5) 绝缘橡皮绝缘导线先用橡胶带缠一层,再用黑胶布缠绕两层,塑料导线可用塑料胶带缠紧三层,缠包要用叠压法,使每圈压叠带宽的半幅,再朝另一侧方向缠绕下一层。

操作安全提示:

使用电工刀时,注意不要划伤手指。

15. 安装 6kV 跌落式熔断器

准备工作:

(1) 正确穿戴劳动保护用品。

(2) 工具材料准备:安全帽1顶,脚扣1副,安全带1副,电工工具1套,验电器1只,接地线2组,绝缘杆1组,传递绳1根,"禁止合闸,线路有人工作"标示牌1块,∠63×6×730跌落式熔断器横担3根,RW—10跌落式熔断器1组,10A、15A、20A高压熔断丝若干根。

操作程序(本操作安全措施针对线路停电检修):

(1) 办理停电工作票,得到停电通知后,核对线路名称、杆号。

(2) 拉开低压开关并悬挂"禁止合闸,线路有人工作"标示牌。

(3) 经验明线路确无电压后,在工作地段两侧各装设1组接地线。

(4) 对跌落式熔断器横担,跌落式熔断器,高压熔断丝进行外观检查。

(5) 检查工具、用具是否齐全完好。

(6) 检查杆根及杆身是否有裂纹。

(7) 检查脚扣及安全带是否有裂纹或损坏。

(8) 登杆。

(9) 提熔断器横担。

(10) 安装熔断器横担，熔断器横担安装后，上下、左右倾斜、歪扭离垂直和水平轴线距离不大于20mm。

(11) 提熔断器。

(12) 安装熔断器，熔断管轴线与地面的垂线夹角为15°~30°水平相间距离不小于500mm，熔断器安装牢固，排列整齐。

(13) 合理选择熔断丝，并安装到熔断丝管内。

(14) 对熔断器上引线进行连接。

(15) 将熔断器下引线绑在支持绝缘子上。

(16) 将熔断器下引线安装在熔断器接线柱上。

(17) 对跌落式熔断器进行开、合试验，并调整。

(18) 熔断器安装好后，重新调平横担。

(19) 清理现场，收拾工具。

(20) 合上低压开关，摘掉"禁止合闸，线路有人工作"标示牌。

(21) 拆除接地线，终结工作票。

操作安全提示：

(1) 熔断丝要根据负荷进行合理选择。

(2) 安装好的跌落式熔断器应在断开的位置。

(3) 熔断器上、下引线要接触紧密，与线路导线的连接要可靠，三相引线排列整齐。

(4) 杆上用传递绳传递材料，不准碰杆。

16. 安装10kV直线杆金具及绝缘子

准备工作：

(1) 正确穿戴劳动保护用品。

(2) 工具材料准备：安全帽1顶，脚扣1副，安全带

1副,电工工具1套,传递绳1根,$\phi 190mm \times 10000mm$砂电杆1根,$\angle 63 \times 6 \times 1500$直线横担1套,$\phi 190mm$顶铁抱箍1副,P—10T针式绝缘子3只,绑线若干,铝包带若干,LGJ—70铝绞线若干。

操作程序:

(1) 对横担、顶铁抱箍进行外观检查并组装好。

(2) 对绝缘子进行外观检查,把直线横担、顶铁抱箍的绝缘子安装好。

(3) 检查工具、用具是否齐全完好。

(4) 检查脚扣及安全带是否有裂纹或损坏。

(5) 登杆,系好安全带。

(6) 用传递绳将直线横担提到杆上,在距杆顶700mm的位置安装。

(7) 用传递绳将顶铁抱箍提到杆上,在距杆顶150mm的位置安装。

(8) 在导线上缠绕铝包带,铝包带的缠绕长度超出导线与针式绝缘子接触部分两端各30mm。

(9) 将导线放入针式瓷瓶的顶槽内绑扎。

(10) 导线绑扎好后,重新调平横担。

(11) 下杆。

(12) 清理现场,收拾材料和工具。

操作安全提示:

(1) 固定处导线缠绕的铝包带应紧密。

(2) 导线应安装在针式绝缘子的顶槽内绑法扎牢。

17. 安装10kV终端杆金具及绝缘子

准备工作:

(1) 正确穿戴劳动保护用品。

(2) 工具材料准备：安全帽1顶，安全带1副，脚扣1副，电工工具1套，传递绳1根，ϕ190mm×10000mm砼电杆1根，∠63×6×1500双角钢横担1套，ϕ190mm顶铁抱箍1副，Z—7直角挂板3个，W—7B碗头挂板3个，Q—7球头挂环3个，NLD—2耐张线夹3个，XP—4.5悬式绝缘子6片，ϕ220mm拉线抱箍1副，GJ—50钢绞线若干米，NUT—2耐张线夹1个，NX—2楔形线夹1个，P—7平行挂板1个，LP8拉线盘1块，ϕ18mm×2420mm拉线棒1根。

操作程序：

(1) 对横担、抱箍进行外观检查并组装好。

(2) 对绝缘子进行外观检查，把金具和绝缘子串组装好。

(3) 检查工具、用具是否齐全完好。

(4) 检查脚扣及安全带是否有裂纹或损坏。

(5) 登杆，系好安全带。

(6) 用传递绳将双角钢横担提到杆上，在距杆顶800mm的位置安装。

(7) 用传递绳将抱箍提到杆上，在距杆顶150mm的位置安装。

(8) 用传递绳分别将绝缘子串提到杆上，分别安装横担和抱箍上。

(9) 重新调整好横担、绝缘子串及耐张线夹。

(10) 下杆。

(11) 清理现场，收拾材料和工具。

操作安全提示：

(1) 用传递绳提横担及绝缘子时，注意不要碰杆。

(2) 开口销、卡簧安装要可靠。

18. 拉线的安装和制作

准备工作:

(1) 正确穿戴劳动保护用品。

(2) 工具材料准备:安全帽1顶,安全带1副,脚扣1副,电工工具1套,手锤1把,传递绳1根,卷尺1把,$\phi 190mm \times 10000mm$ 砼电杆1根,$\phi 220mm$ 拉线抱箍1副,P—7平行挂板1个,NX—2楔形线夹1个,NUT—2耐张线夹1个,GJ—50钢绞线若干,LP8拉线盘1块,$\phi 18mm \times 2420mm$ 拉线棒1根。

操作程序:

(1) 检查个人工具,对材料进行外观检查。

(2) 将平行挂板安装在拉线抱箍上,紧固螺母,并将开口销子插好后开口。

(3) 安装楔形线夹,楔形线夹舌板与拉线接触要紧密,受力后无滑动现象,线夹凸肚在线尾侧,安装时不应损伤线股,线夹处露出的线尾长度为200mm,线尾回头与本线绑扎牢固。

(4) 把楔形线夹连接在平行挂板另一侧。

(5) 上杆时系好安全带。

(6) 将拉线抱箍安装在横担下方200~300mm处,安装要牢固。

(7) 下杆,安装UT线夹前螺纹上应涂润滑剂,线夹舌板与拉线接触要紧密。受力后无滑动现象。线夹凸肚在线尾侧,安装时不应损伤线股,线夹处露出的线尾长度为300~500mm,线尾回头与本线绑扎牢固,用扳手将UT线夹的双螺母拧紧,安装好的UT线夹露出的螺纹大于1/2螺杆螺纹长度可供调紧,拉线棒与拉线盘要垂直,拉线棒露出地面部分的长度为

500～700mm。

操作安全提示:

(1) 登杆前检查杆身有无裂纹及杆基稳固情况。

(2) 上杆及在杆上工作时必须使用安全带。

(3) 必须有专人监护。

19. 使用紧线器紧线

准备工作:

(1) 正确穿戴劳动保护用品。

(2) 工具材料准备:安全帽1顶,安全带1副,脚扣1副,保护绳1根,传递绳1根,电工工具1套,紧线器1个,夹线器1个。

操作程序:

(1) 得到工作负责人的命令后登杆。

(2) 上杆时应系好安全带,到达工作位置后,调整安全带。

(3) 用传递绳将紧线器提到杆上,理顺钢丝绳,不能扭曲。紧线器的定位钩勾在横担上,夹线器钳头夹住需要收紧的导线。

(4) 用紧线器将导线逐渐收紧,使悬式绝缘子松弛,用保护绳将导线固定,用紧线器手柄松弛导线。

(5) 松紧线器钢丝绳时,应控制紧线器摇柄,使其慢而稳,不能突然放松,将紧线器用传递绳放到地面。

(6) 下杆时手脚要协调,不能溜杆。

(7) 清理现场。

操作安全提示:

(1) 登杆时必须有专人监护。

(2) 使用的工具材料要用绳索传递。

(3) 现场人员必须戴安全帽。

20. 操作跌落熔断器

准备工作：

(1) 正确穿戴劳动保护用品。

(2) 工具材料准备：安全帽1顶，绝缘手套1副，绝缘靴1双，绝缘杆1套，护目镜1副，柱上变压器台架1处。

操作程序：

(1) 核对要操作的跌落熔断器的工作地点及井号。

(2) 检查变压器低压侧空气开关是否在开位。

(3) 检查防护用品是否合格，并穿戴好防护用品。

(4) 检查并清洁绝缘杆，旋接绝缘杆至合适的长度。

(5) 站立于跌落熔断器正前下方，用绝缘杆的金属钩钩住中间相熔断管的操作环，适度用力拉下熔断管。

(6) 拉下中间相熔断管后，再拉背风的边相，最后拉断迎风的边相，拉开操作即告完成。

(7) 如需取下熔断管，需将绝缘杆头部的金属钩平行于地面，托住熔断管转轴根部，上抬取下熔断管，装上时顺序相反。

(8) 用绝缘杆的金属钩钩住跌落式熔断器迎风相熔断管的操作环，将熔断管动触头拉起后缓慢推至鸭嘴10cm左右。

(9) 停顿后调整姿势，然后将绝缘杆快速直线上顶，将触头推至合位，如触头偏移，可拉开再合。

(10) 合完迎风边相，再合背风的边相，最后合上中间相。

(11) 操作完毕后，检查熔断器触点是否合严（无放电声）。

(12) 根据情况确定是否合上低压侧断路器。

（13）整理工用具及护具，清理现场。

操作安全提示：

（1）注意与熔断管的距离，取下时可能被砸伤。

（2）绝缘护具破损可能导致触电。

（3）用力过猛可能导致绝缘杆脱节，发生扭伤、摔伤、脱臼。

（4）雷雨天操作可能导致触电。

（5）合上熔断器熔断管前需检查变压器低压断路器在开位，且变压器台架上无影响运行的物品，防止操作时弧光短路。

（6）拉开熔断器熔断管前需检查变压器低压断路器在开位，防止操作时弧光短路。

（7）拉、合熔断管时要用力适度，合好后，要轻轻试拉，检查是否合好。

21. 拉合 GW1 型隔离开关（防盗操作机构）

准备工作：

（1）正确穿戴劳动保护用品。

（2）工具材料准备：安全帽1顶，绝缘手套1副，绝缘靴1双，绝缘杆1套，护目镜1副，柱上变压器台架1处。

操作程序：

（1）核对要操作的 GW1 型隔离开关的柱上变压器工作地点及编号是否正确。

（2）检查防护用品是否合格，并穿戴好防护用品。

（3）断开该 GW1 隔离开关下侧的变压器低压侧空气断路器。

（4）检查并清洁绝缘杆，旋接绝缘杆至合适的长度。

（5）站立于隔离开关操作机构正下方，用绝缘杆的金属钩钩住分闸操作臂末端的金属环,开始时应慢而谨慎用力拉,当刀片离开固定触头时动作应迅速,特别是切断变压器的空载电流、架空线路及电缆的充电电流、架空线路的小负荷电流以及切断环路电流时,拉闸应迅速果断,以便消弧。

(6)拉开隔离开关使刀片尽量拉到头,听到"咔"一声,说明隔离开关操作机构自锁成功,然后检查隔离开关三相均在断开位置。

(7)开始检修维护工作。

(8)完成工作后,先检查变压器低压侧空气断路器是否在开位。

(9)检查并清洁绝缘杆,旋接绝缘杆至合适的长度。

(10)站立于隔离开关操作机构正下方,用绝缘杆的金属钩钩住自锁杆下端的孔,旋转绝缘杆,听到"咔"的一声,自锁解开。

(11)用绝缘杆的金属钩钩住合闸操作臂末端的金属环,迅速而果断地用力下拉绝缘杆,但在合闸终了时不可用力过猛,以免发生冲击。

(12)隔离开关操作完毕后,检查是否合上,隔离开关动触头应完全进入静触头,并检查接触良好,合闸不到位可拉开重新再合。

(13)根据情况确定是否合上低压侧断路器。

(14)整理工用具及护具,清理现场。

操作安全提示:

(1)绝缘护具破损可能导致触电。

(2)拉合的隔离开关不是指定的隔离开关可能导致弧光短路及烫伤。

(3)用力不当可能导致扭伤或脱臼。

（4）雷雨天拉合隔离开关可能导致触电或设备损坏。

（5）操作时需两人进行，一人操作，一人监护。

（6）拉开线路隔离开关前需检查相邻的断路器是否在开位，拉开变压器台隔离开关前需检查变压器低压断路器是否在开位，防止操作时弧光短路。

（7）误拉其他隔离开关，拉开后不许再合上，需汇报等候处理。

22. 拉合 GW9 型隔离开关

准备工作：

（1）正确穿戴劳动保护用品。

（2）工具材料准备：安全帽1顶，绝缘手套1副，绝缘靴1双，绝缘杆1套，护目镜1副，GW9隔离开关型柱上变压器台架1处。

操作程序：

（1）核对要操作的 GW9 隔离开关的柱上变压器位置及编号是否正确。

（2）检查变压器低压侧空气断路器是否在开位。

（3）检查防护用品是否合格，并穿戴好防护用品。

（4）检查并清洁绝缘杆，旋接绝缘杆至合适的长度。

（5）站立于隔离开关正前下方，用绝缘杆的金属钩钩住GW9隔离开关中间相的操作环，迅速而果断地用力向下拉动触头。

（6）拉开中间相后，再拉背风的边相，最后拉开迎风的边相。

（7）全部拉开后，检查隔离开关动、静触头之间的距离是否大于20cm，检查后操作即告完成。

（8）合隔离开关时，用绝缘杆的金属钩钩住 GW9 隔离开关迎风相的操作环,缓慢拉动动触头至静触头10cm左右。

(9) 停顿后调整姿势,然后将绝缘杆快速直线上推,将动触头推至合闸位置,如动触头偏移,可拉开再合。

(10) 合完迎风边相,再合背风的边相,最后合上中间相。

(11) 操作完毕后,检查是否合上,隔离开关动触头应完全夹住静触头,并检查接触良好,合闸不到位可拉开重新再合。

(12) 根据情况确定是否合上低压侧断路器。

(13) 整理工用具及护具,清理现场。

操作安全提示:

(1) 绝缘护具破损可能导致触电。

(2) 操作的隔离开关,不是指定的隔离开关,可能导致弧光短路及烫伤。

(3) 用力不当可能导致扭伤或脱臼。

(4) 雷雨天拉合隔离开关可能导致触电或设备损坏。

(5) 操作时需两人进行,一人操作,一人监护。

(6) 合上线路隔离开关前需检查相邻的断路器是否在开位,且线路上无接地线,合上变压器台隔离开关前需检查变压器低压断路器是否在开位,且变压器台架上无影响运行的物品,防止操作时弧光短路。

(7) 拉开线路隔离开关前需检查相邻的断路器是否在开位,拉开变压器台隔离开关前需检查变压器低压断路器在开位,防止操作时弧光短路。

(8) 误拉其他隔离开关,拉开后不许再合上,需汇报等候处理。

(9) 误合隔离开关,合上后不许再拉开,需汇报等候处理，有触电情况例外。

23. 拉合真空断路器

准备工作：

(1) 正确穿戴劳动保护用品。

(2) 工具材料准备：安全帽1顶，绝缘手套1副，绝缘靴1双，绝缘杆1套，护目镜1副，柱上真空断路器1处。

操作程序：

(1) 到达现场接到电调允许停电命令后，复诵命令。

(2) 核对要操作的柱上真空断路器的地点及开关编号是否和倒闸票一致。

(3) 检查防护用品是否合格，并穿戴好防护用品。

(4) 检查并清洁绝缘杆，旋接绝缘杆至合适的长度。

(5) 站立于柱上真空断路器正前下方，拉动分闸拉环，箱体内分闸机构动作，并发出声响，分合闸指针指向分位，分闸操作完毕。

(6) 分别拉开甲、乙刀闸后，检查在开位后，汇报电力调度。

(7) 检修施工完毕后，到达现场接到电调送电命令后，复诵命令。

(8) 核对要操作的柱上真空断路器的地点及开关编号是否和倒闸操作票一致。

(9) 检查防护用品是否合格，并穿戴好防护用品。

(10) 检查并清洁绝缘杆，旋接绝缘杆至合适的长度。

(11) 合上甲、乙两侧隔离开关，检查在合位。

(12) 拉动真空断路器储能拉杆直至达到限位处，撤下拉力，储能拉杆自动复位，重复数次，直到储能指针指向"已储能"位置，储能操作完毕。

(13) 拉动合闸拉环,箱体内发出机构动作的声音,指针从分闸指向合位,合闸操作完毕。

(14) 汇报电力调度,整理工用具及护具,清理现场。

操作安全提示:

(1) 到达现场注意核对开关编号是否与倒闸操作票一致。

(2) 绝缘护具破损可能导致触电。

(3) 用力过猛可能导致绝缘杆脱节,发生扭伤、摔伤、脱臼。

(4) 雷雨天操作可能导致触电。

(5) 合上隔离开关前需检查真空断路器是否在开位。

(6) 拉动真空断路器储能拉杆要达到限位处。

(7) 合上真空断路器后检查指针位置是否在合位。

24. 倒闸操作

准备工作:

(1) 正确穿戴劳动保护用品。

(2) 工具材料准备:安全帽1顶,安全带1副,脚扣1副,绝缘杆1组,绝缘手套1副,标示牌若干,记录笔1支,对讲机1台。

操作程序:

(1) 到电力调度室办理倒闸操作票,操作人和监护人先后在操作票上分别签名。

(2) 由电力调度向倒闸人员交代操作内容,倒闸人员进行复述。

(3) 倒闸人员按操作票顺序在线路模拟图上核对相符,核对无误后赶往现场执行操作。

(4) 倒闸操作前认真核对停电线路名称、开关编号,是否与操作票任务相符,并在操作票上填写开始操作时间。

(5)倒闸操作按以下操作票顺序逐项进行操作,每操作完一项,做一个"√"号。

①检查杏8—1西4段8108开关在开位。

②检查杏8—1西4段8108开关乙刀闸在开位。

③检查杏8—1西4段8108开关甲刀闸在开位。

④拉开杏8—1西4段8107开关,检查在开位。

⑤拉开杏8—1西4段8107开关乙刀闸,检查在开位。

⑥拉开杏8—1西4段8107开关甲刀闸,检查在开位。

(6)拉开每个开关甲、乙刀闸后,要锁好操作机构,检查刀闸张开角度足够。

(7)在8107、8108甲刀闸操作机构把手上悬挂"禁止合闸,线路有人工作"标示牌。

(8)停电操作完毕后,立即向发令人汇报,汇报时,要说明操作人单位、姓名、所执行的操作任务,并记录操作终结时间。

(9)线路施工作业结束后,按发令人的命令恢复线路送电。

(10)送电操作执行"杏8—1西4段送电倒闸操作票"。

(11)倒闸操作前,认真核对送电线路名称、开关编号,是否与操作票任务相符,并取下标识牌。

(12)按照以下送电操作票顺序,恢复线路送电。同时在操作票上填写开始操作时间,每操作完一项,做一个"√"号。

①检查杏8—1西4段线路无送电障碍。

②合上杏8—1西4段8108开关甲刀闸,检查在合位。

③合上杏8—1西4段8108开关乙刀闸,检查在合位。

④合上杏8—1西4段8108开关,检查在合位。

(13) 送电倒闸操作完毕后,立即报告发令人,记录送电操作终结时间。

(14) 倒闸工作终结后将填写好的倒闸操作票交给队上保存。

操作安全提示:

(1) 倒闸操作应由两人进行,一人操作,一人监护,认真执行监护复诵制,发布命令和复诵命令都应严肃认真,使用正规操作术语,准确清晰。

(2) 线路停电时,先拉开关,后拉刀闸,先拉乙刀闸,后拉甲刀闸。送电时,顺序相反。

(3) 操作票应用钢笔或圆珠笔填写,票面应清楚整洁不得任意涂改。

(4) 倒闸中发现疑问之处,不准擅自更改操作票,必须向发令人请示,待清楚明白后方可继续进行操作。

(5) 雨天操作应使用有防雨罩的绝缘杆,并戴绝缘手套,雷电时,严禁进行倒闸操作。

(6) 如发生严重危及人身安全情况时,可不等待指令即行断开电源,事后应立即报告。

(7) 凡登杆进行倒闸操作时,操作人员必须戴安全帽,并使用安全带。

25. 使用指针式万用表测量电压

准备工作:

(1) 正确穿戴劳动保护用品。

(2) 工具材料准备:MF—47型或MF—500型万用表1块,交直流稳压电源1个。

操作程序：

(1) 机械调零，接入表笔。

①水平放置万用表。

②机械调零，转动机械调零旋钮，使指针对准刻度盘的0位线。

③红表笔接在标有"+"号的接线柱上，黑表笔接在标有"-"号或"＊"号的接线柱上。

(2) 选择量程。

①根据被测量参量性质选择合适的挡位，测量电压时可选用"V"区间的挡位。

②当不知被测电压有多大时，应先将量程挡置于最高挡，然后再向低量程挡转换。测量大电压时，不能在测量时转换量程。

(3) 测量。

①将表笔接入被测元件，接触良好。

②测量时，不能用手触摸表笔的金属部分，以保证安全和测量的准确性。

③测量直流量时，红表笔接正极，黑表笔接负极。

(4) 读取数值。

根据表盘读数及挡位关系读取数值。

(5) 归挡。

测量完毕将挡位开关调至交流电压最大挡或空挡。

操作安全提示：

(1) 测量时，不能用手触摸表笔的金属部分，以保证安全和测量的准确性。

(2) 测量直流时，注意表笔的正负极要和被测元件仪器的正负极相一致。

26. 用钳型电流表测量配电变压器负荷电流

准备工作：

（1）正确穿戴劳动保护用品。

（2）工具材料准备：钳型电流表1块，配电变压器台1座。

操作程序：

（1）检查钳型电流表。

（2）选择量程，测量前应预测电流的大小，以确定挡位。

（3）测量前检查导线或电缆的绝缘情况。

（4）若预测不出来电流的大小，应将电流表的量程调到最大挡位。

（5）测量时将钳型电流表的钳口张开，钳入被测导线。

（6）闭合钳口使导线尽量位于钳口中心，钳口应闭合紧密。

（7）为保证测量的准确性，如果读数过小，应将电流表量程由大到小，转到合适挡位。

（8）根据电流表所在量程，待指针稳定后直接读出被测电流值。

（9）调换挡位应在不带电的情况下进行。

（10）测量其他两相电流，和以上操作方法相同。

（11）测量5A以下的电流时，应将导线在钳口多绕几圈，测得结果再除以绕的圈数，为实际电流值。

（12）测量后将挡位调到交流电压最大挡或空挡。

（13）清理现场，收拾工具。

操作安全提示：

（1）测量前检查导线或电缆的绝缘情况。

（2）闭合钳口使导线尽量位于钳口中心，钳口应闭合紧密。

(3) 调换量程挡位时,应在不带电的情况下进行。

(4) 测量后,要把电流表量程调节到交流电压最大量程。

27. 用 ZC—8 接地摇表测量接地电阻

准备工作:

(1) 正确穿戴劳动保护用品。

(2) 工具材料准备:安全帽1顶,手锤1把,200mm活动扳手1把,记录笔1支,记录纸1张,ZC—8接地摇表1块,连接线5m、20m、40m每种规格各1根,500mm接地棒2根。

操作程序:

(1) 对接地摇表进行检查:将C、P、E用铜线连接起来,摇动仪表手柄,检查表针应与表盘上的基线重合。

(2) 将被测接地体的接地引线断开。

(3) 将连接线与接地棒连接起来,并将接地棒垂直打入地下,接地棒插入地面深度不应小于400mm。

(4) 将接地摇表放在接地体附近平整的地方,按以下(图41)方法接线:

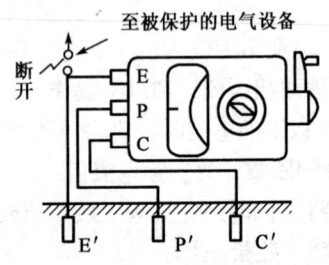

图41 接地摇表接线图

①用5m长的连接线将接地装置与接地摇表上的接线柱E相连。

②用40m长的连接线将接地摇表上的接线柱C与距接地装置40m处的接地棒相连接。

③用20m长的连接线将接地摇表上的接线柱P与距接地装置20m处的接地棒相连接。

（5）根据被测接地体的接地电阻规定范围，先将粗调旋钮调节好。

（6）以120r/min的转速均匀摇动接地摇表的手柄，当表针偏离中心时，边摇边调节微调拨盘，直到表针居中为止。

（7）以微调拨盘的读数乘调拨盘的定位倍数，其值就是被测接地体的接地电阻，等指针停稳就读数并记录。

（8）拆除各引线并恢复原来接地方式。

（9）清理现场，收拾仪表和工具。

操作安全提示：

（1）设置的辅助接地极应远离水渠、水管、钢轨及其他设施的接地体。

（2）测量前，应仔细检查引线，连接必须紧密牢固。

（3）在测量接地电阻过程中，一切人员不得接触接地棒和接地体。

（4）连接引线应选用多股软铜线。

（5）测量必须在干燥的环境下进行。

28. 使用兆欧表测量避雷器的绝缘电阻

准备工作：

（1）正确穿戴劳动保护用品。

（2）工具材料准备：安全帽1顶，电工工具1套，2500V兆欧表1块，测试软裸铜导线若干，YH5WS—10/30避雷器1只。

操作程序:

(1) 对兆欧表进行开路、短路试验。

(2) 表"E"端接在避雷器接地端的接线柱上,"L"端接在避雷器与电源侧连接的接线柱上,用软裸铜导线在靠近测量部位的上瓷裙处缠绕几圈,并用绝缘导线引接于兆欧表的"G"端上,端钮拧紧,引线不能绞在一起,用擦布将瓷套表面擦净。

(3) 水平放置兆欧表,按顺时针方向由慢到快摇动兆欧表手柄,然后以120r/min的转速均匀地摇动兆欧表手柄,待表盘上的指针停稳1min后,记录避雷器的绝缘电阻(不低于1000MΩ),测量后判断质量,对兆欧表及避雷器进行放电,拆下兆欧表的引线。

(4) 清理现场,收工具。

操作安全提示:

(1) 连接引线应选用多股软铜线。

(2) 测量必须在干燥的环境下进行。

(3) 测量完毕后以后注意放电。

29. 用兆欧表测量10kV电缆线路的绝缘电阻

准备工作:

(1) 正确穿戴劳动保护用品。

(2) 工具材料准备:安全帽1顶,安全带1副,脚扣1副,电工工具1套,验电器1只,接地线1组,放电棒1只,2500V兆欧表1块,短路线1组,记录笔1支,记录纸1张,电缆1条,软铜线若干。

操作程序(本操作安全措施针对线路停电检修):

(1) 检查工具、用具是否齐全、完好。

(2) 办理停电工作票,得到线路停电,变电所做好安全措施后,核对将要测量的线路名称编号。

(3) 进行验电,并对电缆进行充分放电后,做好地线。

(4) 拆掉电缆两侧电缆头的连接。

(5) 测量前,先对兆欧表进行检查,即对兆欧表做开路、短路试验,以确认兆欧表的完好。

(6) 正确接线,将兆欧表的接线柱"L"接电缆芯线,"E"接电缆金属外皮,接线柱"G"引线缠绕在电缆的屏蔽纸上,将非被测相的线芯用软铜线短接并接地。

(7) 线路接好后,按顺时针方向由慢到快摇动兆欧表手柄,然后以120r/min的转速均匀地摇动兆欧表手柄。当调速器发生滑动时,说明发电机达到了额定转速。

(8) 保持均匀转速,待表盘上的指针停稳1min后,指针指示值就是被测电缆的绝缘电阻值(不低于500MΩ),等指针停稳就读数并记录。

(9) 测量完毕拆除引线:

①先断开L端子与接电缆芯线。

②再停止摇动手柄。

③将电缆放电。

④拆除各短引线。

⑤再分别测其他两相。

(10) 所测绝缘电阻符合规程要求时,将电缆头按原来的相序重新连接。

(11) 清理现场,收好工具。

(12) 拆除接地线,终结工作票。

操作安全提示:

(1) 测量前,必须切断被测电缆的电源。

(2) 电缆相间及对地应充分放电。

（3）接线柱引线应选用绝缘良好的多股软铜线，且不允许缠绕在一起，也不得与地面接触。

（4）测量时，电缆的电容量较大时，应有一定的充电时间。

（5）测量后，应将电缆对地充分放电。

30. 用兆欧表测量配电变压器的绝缘电阻

准备工作：

（1）正确穿戴劳动保护用品。

（2）工具材料准备：安全帽1顶，安全带1副，脚扣1副，绝缘杆1组，验电器1只，绝缘手套1副，放电棒1只，"禁止合闸，线路有人工作"标示牌1块，传递绳1根，2500V兆欧表1块，500V兆欧表1块，记录笔1支，记录纸1张，0~100℃温度计1支，裸铜绑线若干，80kV·A配电变压器1台，棉纱若干，汽油若干。

操作程序：

（1）办理停电工作票，得到停电通知后，核对线路、杆号、变压器。

（2）先拉开低压侧开关，悬挂"禁止合闸，线路有人工作"标示牌。

（3）用绝缘杆拉开跌落式熔断器。

（4）再拉开高压侧刀闸，悬挂"禁止合闸，线路有人工作"标示牌。

（5）用验电器验电。

（6）用放电棒对变压器进行放电。

（7）测量前先对兆欧表进行检查，对兆欧表做开路、短路试验，以确认兆欧表的完好。

（8）将被测变压器的接线全部断开。

(9) 测量低压绕组绝缘电阻：

①短接低压 a、b、c、0 四接线柱。

②将高压绕组短接并与外壳及地相连。

③将 500V 兆欧表 L 端子与低压绕组引线相连，E 端子与变压器外壳相连。

④按顺时针方向由慢到快摇动兆欧表手柄，当调速器发生滑动后，以 120r/min 转速摇动兆欧表手柄，等指针停稳就读数并记录。

⑤测量完毕拆除引线：

a. 先断开 L 端子与绕组引线。

b. 再停止摇动手柄。

c. 将绕组放电。

d. 拆除各短路线。

(10) 测量高压绕组绝缘电阻：

①短接高压绕组三个接线柱。

②将低压绕组短接并与变压器外壳及地相连。

③将 2500V 兆欧表 L 端子与高压绕组引线相连，E 端子与接地极引线相连。

④按顺时针方向由慢到快摇动兆欧表手柄，当调速器发生滑动后，以 120r/min 转速摇动兆欧表手柄，等指针停稳就读数。

⑤测量完毕拆除引线：

a. 先断开 L 端子与绕组引线。

b. 再停止摇动手柄。

c. 将绕组放电。

d. 拆除各短路线，并恢复原来接线方式。

(11) 分析判断配电变压器的好坏。

(12) 工作结束后,用绝缘杆合上跌落式熔断器。

(13) 再合上高压刀闸,摘下"禁止合闸,线路有人工作"标示牌。

(14) 最后,合上配电变压器的低压开关,取下"禁止合闸,线路有人工作"标示牌。

(15) 清理现场,收拾仪表和工具。

操作安全提示:

(1) 兆欧表做开路试验时指针指示为"∞",短路试验时指针指示为"0",说明兆欧表完好,否则更换兆欧表。

(2) 接线柱引线应选用绝缘良好的多股软铜线,且不允许缠绕在一起,也不得与地面接触。

(3) 测量时,兆欧表必须达到额定转速。

(4) 绝缘电阻测量后,应测量变压器温度并记录以便进行温度换算。

31. 用测高仪测量导线的交叉、跨越的距离

准备工作:

(1) 正确穿戴劳动保护用品。

(2) 工具材料准备:测高仪1个,被测线路2条。

操作程序:

(1) 不可选择障碍物密集的测试场地。超声波波束测量角度15°,如果站在线下偏离一定距离,显示屏会出现"○○○○○○○",此时应左右移动一下,调整好位置再测。

(2) "WIRE/WALL"键:设定"WIRE"键位置时,用于测量离地导线的距离。"I/M"键:转换键,拨到上挡M,显示值为公制m。

(3) 操作人员平行站在待测线路下方,按下电源"ON"键打开电源,显示屏右上角读数为大气温度,等该温度稳定

后,即可开始测量。

(4) 将"WIRE/WALL"键设定在"WIRE"位置,此时显示屏左上角显示1W,操作人员一手握稳测高仪,另一手按住"+"键,显示屏即显示出"WIRE"模式离地最低六根导线的距离与测高仪之间的垂直距离。

(5) 轻轻左右摇晃测高仪,可以获得稳定读数,重复按W键,显示屏就分别给出W2、W3、W4、W5、W6相对于W1、W2、W3、W4、W5的读数,即线间距离。

(6) 在1~35℃范围内,温度补偿完全自动,测量值是正确的,实际测温低于0℃,每降低5℃,从测量值去掉1%的读数,实际测量值超出35℃,每增加5℃,给测量值增加1%的读数。

操作安全提示:

(1) 不能在雨天进行测量。

(2) 测量线路对公路路面距离时,注意来往车辆。

32. 用指针式万用表低压(220~380V)核相

低压核相示意图见图42。

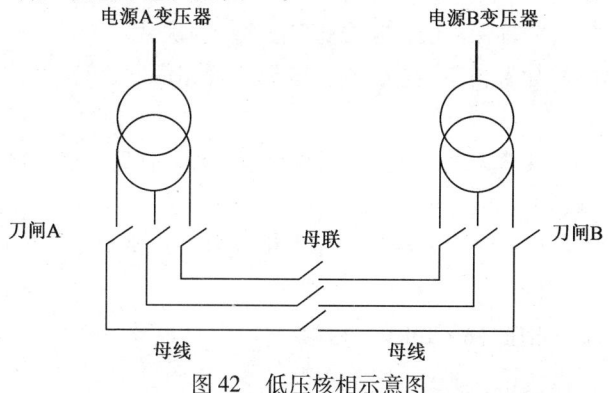

图42 低压核相示意图

准备工作:

(1) 正确穿戴劳动保护用品。

(2) 工具材料准备:安全帽1顶,电工工具1套,绝缘手套1双,绝缘靴1双,指针式万用表1块,记录笔1支,记录纸1张。

操作程序(低压母联开关两侧):

(1) 选用电压等级相符的指针式万用表,选好电压挡位及量程,电压挡应选大于被测处的线电压。

(2) 确认安全措施,齐全、可靠后,将电压送至最合适的测量位置已经确定,断开的开关(刀闸)两侧,如果没有母线则将电压送至便于测量的设备上,如变压器、电缆、导线端子上。

(3) 如果某一电源的相序已知,则依据它为基准,用表笔固定此电源的某一项,另一个表笔依此与另一电源的三相进行测量,表针动作比较小或为零则为同相,表针较大则为异相,监护人注意操作人的安全距离,记录人作为记录,画好相序图。

(4) 为确保无误,应重复工作至少一次。

(5) 如果相序不符,则就依据实测相序图进行相序调整工作。

(6) 相序调整工作后,必须重新核相,直到相位正确。

操作安全提示:

测量过程中注意与带电体保持距离,并要防止测量过程中相间短路。

33. 高压(6~10kV)核相

高压核相示意图见图43。

准备工作：

(1) 正确穿戴劳动保护用品。

(2) 工具材料准备：安全帽2顶，脚扣2套，安全带2套，绝缘手套2双，绝缘靴2双，绝缘杆2套，绝缘线2套，电工工具2套，验电器1只，与被测线电压相符的电压互感器（PT）1台，万用表1块，记录纸1张，记录笔1支。

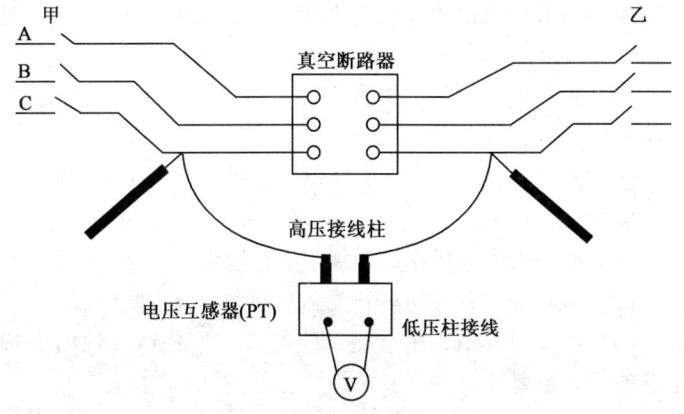

图43 高压核相示意图

操作程序（在两个隔离开关中间的断路器上操作）：

(1) 必须遵守和履行有关组织措施和技术措施。

(2) 确定安全措施完备，齐全，可靠后，将电送到最方便核相工作并断开的设备或地点进行（隔离开关、断路器、T接杆）。

(3) 如果某一侧电源的相序确定了，则根据它进行测量，工作负责人、监护人必须时刻注意操作者的动作，操作者之间配合要协调，必须戴绝缘手套，穿绝缘靴，戴安全帽，杆上操作人员选择合适位置系好安全带，杆下人员将高压绝缘引下线、电压互感器、万用表接好，并注意量程（$U > 100V$）：

①断路器必须在开位，隔离开关在合位。

②绝缘线必须与电杆、人体、地面保持足够的安全距离，不得触及任何部位，两人同时使用绝缘杆的导电部分触及两个电源的带电部位，已知相序电源为基准，另一电源的三相都要确认，指针不动（值比较小）为同相，表数读数较大的为异相，同时记录人认真做好记录，并画出相序图，其他两相测量重复前述过程。

（4）为确保无误或表计等其他因素的影响，应将第3项工作重复一次。

（5）根据测量结果，结合所绘相位图，必须对不正确的相序进行调整。

（6）相序调整工作后，必须重新核相，直到相位正确。

操作安全提示：

（1）必须按安全操作规程规定进行操作。

（2）操作前检查好隔离开关和断路器的分合闸位置。

（3）测量过程中，注意测试线与人体、杆塔和地面保持足够的安全距离。

34. 检修配电变压器

准备工作：

（1）正确穿戴劳动保护用品。

（2）工具材料准备：安全帽1顶，安全带1副，脚扣1副，绝缘杆1组，传递绳1根，250mm活动扳手1把，验电器1只，"禁止合闸，线路有人工作"标示牌2块，接地线2组，细砂布1张，导电复合脂若干，棉纱若干。

操作程序（针对线路停电单一电源变压器的检修）：

（1）了解需检修的变压器所在位置、数量、额定容量、存在缺陷等详细情况。

（2）办理停电工作票，得到停电通知后，核对线路、杆号、变压器。

(3) 用验电器验电,经验明无电电压后,在工作地段两侧各装设1组接地线。

(4) 在两侧开关的甲刀闸操作手柄上各悬挂"禁止合闸,线路有人工作"标示牌一块。

(5) 检修配电变压器时,先检查油标位置、油色,配电变压器油标不在规定位置,应补充变压器油,油色不正常要更换变压器油。

(6) 如变压器有干燥剂,要检查吸湿器的干燥剂颜色,当吸湿器的干燥剂变色时,应更换干燥剂。

(7) 检查高、低压瓷套管有无裂纹、伤痕、渗油现象,如高、低压瓷套管有裂纹、伤痕现象应更换,有渗油现象应紧固瓷套管。

(8) 卸下设备线夹,检查设备线夹有无烧痕,如设备线夹有烧痕,用细砂布打磨其导电接触部位,并涂上一层导电复合脂。

(9) 检查变压器箱盖螺栓紧固情况,检查橡胶垫处有无损坏,如螺栓不紧固,橡胶垫处有渗油、漏油时,均匀紧固箱盖螺栓。

(10) 检查散热片有无渗油、漏油现象,如散热片有渗油、漏油现象,要擦拭干净油污。

(11) 检查变压器接地线连接是否良好,如接地极、接地线有锈蚀、断股、松动现象,应及时处理。

(12) 工作结束后,收拾工具,清理现场。

(13) 拆除线路两侧接地线,取下"禁止合闸,线路有人工作"标示牌。

(14) 汇报电调,终结工作票。

操作安全提示：

(1) 必须做好安全措施后，方可进行检修工作。

(2) 如有不能处理的缺陷要及时上报。

35. 调整配电变压器分接开关

准备工作：

(1) 正确穿戴劳动保护用品。

(2) 工具材料准备：安全帽1顶，绝缘手套1副，绝缘靴1双，绝缘杆1套，护目镜1副，电工工具1套，安全带1副，脚扣1副，接地线1组，指针式万用表1块。

操作程序：

(1) 检查并适时使用安全用具护具，测量变压器二次电压并与额定电压做比较，记录差值。

(2) 断开变压器低压侧空气断路器，拉开变压器跌落熔断器，验明变压器确无电压，在变压器高压接线柱上安装接地线。

(3) 登上变压器检修台，系上安全带。

(4) 打开变压器分接开关盖，检查变压器分接开关所在挡位，并确定是否还有调整余地，无调整余地时申请更换变压器。

(5) 有调整余地时根据测量结果适当调整分接开关的位置：如电压过高则将分接开关降低一挡（对应一次绕组额定电压升高），如电压过低则将分接开关升高一挡（对应一次绕组额定电压降低）。

(6) 装上变压器分接开关盖，确认无遗漏工具用具，下变压器检修台。

(7) 拆除接地线，合上跌落熔断器。

(8) 测量变压器二次电压是否正常，不正常则重复步骤(2)~(7)。

(9) 合上低压空气断路器,恢复供电。

操作安全提示:

(1) 保持与熔断管的安全距离,防止取下时掉落被砸伤。

(2) 绝缘护具破损可能导致触电。

(3) 用力过猛可能导致绝缘杆脱节,发生扭伤、摔伤、脱臼。

(4) 高空作业须防止高空坠落或落物伤人。

(5) 调整变压器分接开关进入挡位时看要准挡位标线,防止偏差出现接触不良。

(6) 操作时应两人进行,一人操作,一人监护。

36. 油井变压器补油

准备工作:

(1) 正确穿戴劳动保护用品。

(2) 工具材料准备:安全帽1顶,脚扣1副,安全带1副,传递绳1根,接地线1组,绝缘手套1副,绝缘靴1双,验电器1只,绝缘杆1套,护目镜1副,电工工具1套,变压器油1桶,漏斗1个。

操作程序:

(1) 检查并适时使用安全用具护具。

(2) 断开变压器低压侧空气断路器,拉开变压器跌落熔断器,验明变压器高低压接线柱均确无电压,在变压器高压接线柱上安装接地线。

(3) 登上变压器检修台,系上安全带,清洁变压器身,检查变压器身的漏点,适当紧固变压器漏点周边螺栓。

(4) 打开变压器储油柜补油孔螺钉,装上漏斗。

(5) 用传递绳提起变压器油桶至合适位置补加变压器油,

动作要慢,防止洒落变压器油,补油量不得过多或不足,油标油位应与环境温度相对应。

(6) 放下油桶,摘下漏斗,装上储油柜补油孔螺钉。

(7) 检查变压器身有无新漏点,并确认无遗漏工具用具。

(8) 登下变压器操作台,拆除接地线。

(9) 先合上跌落熔断器,再合上低压空气断路器。

操作安全提示:

(1) 注意与熔断管的安全距离,取下时可能被砸伤。

(2) 绝缘护具破损可能导致触电。

(3) 用力过猛可能导致绝缘杆脱节,使操作者发生扭伤、摔伤、脱臼。

(4) 高空作业须防止高空坠落或落物伤人。

(5) 即将补入的变压器油应为合格的变压器油,标号适合当地气温要求。

(6) 阴雨天不可给变压器补油,防止雨水进入变压器内部。

(7) 禁止从变压器下部补油,以防止变压器底部的沉淀物冲入线圈内而影响绝缘和散热。

(8) 操作时应两人进行,一人操作,一人监护。

37. 查找线路接地故障的常用方法和步骤

准备工作:

(1) 正确穿戴劳动保护用品。

(2) 工具材料准备:安全帽1顶,绝缘手套1副,绝缘靴1双,绝缘杆1套,验电器1只,护目镜1副,电工工具1套,脚扣1副,安全带1副,绳索1条,接地线2组。

操作程序:

(1) 首先与电力调度取得联系,了解是哪座变电所供电,带有几条线路，了解出口开关编号，线路名称，所带线路（分支）的开关编号。

例如杏南六 5617 接地（图 44）。

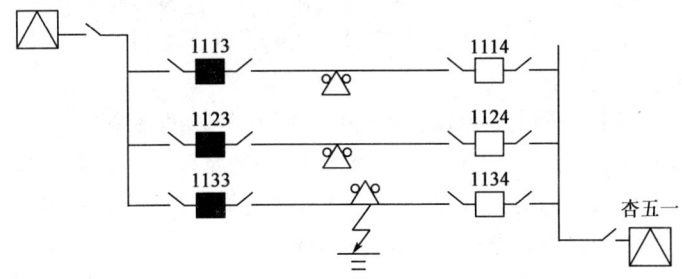

图 44　杏南六 5617 接地

根据此线路图，与电调联系得知 1113、1123、1133 开关都在合位，而 1114、1124、1134 开关都在开位。

（2）首先到杏南六出口查找，出口没有找到，沿着联络线，往下查找。

（3）走到 1113 开关后，向电力调度请示，要求拉开 1113 油开关及甲刀闸，拉开后与电力调度联系，问："接地解除没有？"电力调度回话："接地没有解除。"这时把拉开的 1113 甲刀闸及油开关合上恢复送电，再沿着联络线路往下走，继续查找。

（4）来到 1123 开关，我们同样向电力调度申请把 1123 开关拉开，得到电力调度许可命令后，把 1123 油开关及甲刀闸拉开，并向电力调度汇报，问："接地解除了没有？"电力调度回话是："接地还没有解除"，把 1123 油开关及甲刀闸合上，我们合上 1123 开关后继续沿着线路往下走。

（5）走到 1133 开关后，同样要求拉开 1133 油开关及甲刀闸，并与电力调度联系，问："接地解除没有？"这时电力调度回话说："接地消失了"。这说明1133所带的这条线路接地。

（6）合上1133油开关及甲刀闸，沿着这条线路查找，走到图44所示的变台后，发现引线烧断，落在横担上，这时向电力调度汇报。

（7）得到电力调度许可停电、处理故障的命令后，拉开1133开关及甲乙刀闸，再检查1134开关及甲乙刀闸在开位，回到变台故障点，验电，确无电压后在临近左右两基杆各打一组接地线后，方可上杆处理故障点。

操作安全提示：

（1）查找接地点，应穿绝缘靴。

（2）操作开关和挂接地线戴绝缘手套。

（3）查找故障时，禁止直接用手触摸接地线和拉线。

（4）停电后，必须验电、挂接地线方可登杆工作。

（5）查找故障必须两人以上一起进行。

（6）处理事故可以不办工作票，但应办理事故抢修单。

38. 用接地测试仪查找线路接地故障

准备工作：

（1）正确穿戴劳动保护用品。

（2）工具材料准备：安全帽1顶，绝缘手套1副，绝缘靴1双，绝缘杆1组，验电器1只，护目镜1副，电工工具1套，脚扣1副，安全带1副，传递绳1根，接地线2组，接地故障测试仪1个。

操作程序（接地相电压为零）：

（1）明确任务后，到达现场与电力调度联系，打开变电所小电流接地系统。

（2）打开接地测试仪，沿着故障线路，按住测试仪按钮，按照指针的指示，从故障线路的变电所出口开始，沿着线路（和线路距离保持在8m以外）进行巡视查找。

（3）当遇到线路分支时，可向分支方向查找，如果向分支查找3~10m时，指针没有指示，这说明分支没有故障点，则返回，沿着原线路方向继续查找，以下操作方法相同，当指针无指示了，而线路又无分支，则你所处的位置的后基一杆（附近）就是故障点。

（4）为保证测试的准确避免干扰，测试时要远离电台和车辆，测试时接地测试仪始终保持和线路垂直。

（5）为提高故障查找速度，可根据线路运行状况和缺陷情况，首先在线路某处进行测试，如果指针无指示，可向线路来电侧查找，如果指针有指示，则向线路受电侧查找。

（6）一般查找接地故障，时间不得超过2h。

（7）查找故障时，要远离线路8m以外，禁止直接用手触摸接地线和拉线，夜间巡视应沿着线路外侧进行，大风巡线应在上风侧进行，发现导线断落地面或悬吊在空中，应设法防止行人靠近断线点8m以内。

（8）向电力调度汇报，联系停电，线路停电后，验电，无电压后，在故障点附近左和右两基杆各打一组接地线后方可上杆工作。

操作安全提示：

（1）查找接地点，应穿绝缘靴。

（2）操作开关和挂接地线戴绝缘手套。

（3）查找故障时，禁止直接用手触摸接地线和拉线。

（4）停电后，必须验电、挂接地线方可登杆工作。

（5）雷雨天气禁止使用接地故障测试仪。

(6) 查找故障必须两人以上一起进行。

(7) 处理事故可以不办工作票,但应办理事故抢修单。

39. 设计架空配电线路的路径

准备工作:

(1) 正确穿戴劳动保护用品。

(2) 工具材料准备:绘图铅笔1支,三角板1个,直尺1把,橡皮1块,计算器1个,圆规1个,量角器1个。

操作程序:

(1) 能够清楚识别地图中所标明各个参数和图标。

(2) 架空电力线路路径的选择:应认真进行调查研究,综合考虑运行、施工、交通和路径长度等因素,统筹兼顾,全面安排,进行方案比较,做到经济合理。

(3) 市区架空电力线路的路径,应与城市总体规划相结合。

(4) 线路路径走廊位置,应与各种管线和其他市政设施统一安排。

(5) 架空电力线路路径的选择应减少与其他设施的交叉。

(6) 当与其他架空线路交叉时,其交叉点不应选择被跨线路的杆塔顶上。

(7) 架空电力线路跨越弱电线路的交叉角,应符合相关要求。

(8) 3kV及以下架空线路,不应跨越储存易燃、易爆的仓库区域,间距应符合GB 50016—2006《建筑设计防火规范》的规定,不宜跨越房屋。

(9) 应避开洼地、冲刷地带、不良地质地区、原始森林以及影响线路安全运行的其他地区。

(10) 架空电力线路通过林区,应砍伐出通道,且通道符合相关规定,架空电力线路通过果林、经济作物以及城市绿化灌木林时,不宜砍伐通道。

(11) 耐张段的长度:10kV 线路耐张段长度不宜大于 2km。

(12) 新建线路距已建油井、水井、土油池不小于 25m,距规划井不小于 40m。

(13) 图纸中应使用正确的图例和符号,图纸应清洁清楚。

(14) 在规定时间内完成。

40. 设计架空配电线路电杆的埋设位置

准备工作:

(1) 正确穿戴劳动保护用品。

(2) 工具材料准备:绘图铅笔 1 支,三角板 1 个,直尺 1 把,橡皮 1 块,计算器 1 个,圆规 1 个,量角器 1 个。

操作程序:

(1) 能够清楚识别所发给的地形图中所标明各个参数和图标。

(2) 10kV 及以下架空电力线路的档距:市区 40~50m,郊区 50~100m(油田设计院,档距设计控制在 50~55m 左右,最大不超过 60m)。

(3) 杆塔位置不应设置在可能发生滑坡或山洪处,杆塔不应设置在容易被车辆碰撞的地点,杆塔的位置不应设置在可能变为河道的不稳定河流变迁地区。

(4) 杆塔位置不应设置局部不良地质地点,杆塔位置不应设置在地下管线的井口附近和影响安全运行的地点。

(5) 线路中较长的耐张段,每 10 基应设置 1 基加强杆。

(6) 线路的杆应符合对地及对被跨物的距离要求。

(7) 图纸中应使用正确的图列和符号,图纸应清洁、清楚。

(8) 清理现场。

41. 编制线路施工方案

准备工作:

(1) 正确穿戴劳动保护用品。

(2) 工具材料准备:记录笔1支,记录纸若干张。

操作程序:

(1) 编制依据:本方案适用范围,明确工日、工期。

(2) 成立组织机构,确定机构负责人,明确各级机构、负责人的职权和职责。本项目的主要工作量,工作分工。

(3) 依据项目要求选择合理的施工方案,施工的质量标准,选择主要施工工器具的规格型号。主要施工机器的强度校核。

(4) 设备、材料运输的安全要求。

(5) 停、送电联系程序。

(6) 现场安全技术措施的落实。

(7) 工器具检查和试验要求。

(8) 登高作业的安全注意事项。

(9) 大型操作项目的指挥,信号及工作人员的相互配合。

(10) 更换设备的安全注意事项。出现异常情况时的处理程序。

(11) 根据 GB 50173—1992《电气装置安装工程35kV及以下架空电力线路施工及验收规范》的规定,在验收时应按下列要求进行检查,采用器材的型号、规格,线路设备标识应齐全,电杆组立的各项误差,拉线的制作与安装,导线的弧垂、相间距离、对地距离、交叉跨越距离及跟建筑物接近的距离,电器设备外观应完整无缺损,相位正确,接地装置符合要求,沿线的障碍物、应砍伐的树及树枝等杂物应清除完毕。

(12) 清理现场,收拾用具。

二、常见故障判断处理

1. 绝缘子接地故障有什么现象?故障原因是什么?如何处理?

故障现象:

(1) 绝缘子外部烧损或内部击穿。

(2) 绝缘子绝缘电阻降低,直至造成变电所接地故障。

故障原因:

(1) 绝缘子因环境影响,污秽引起绝缘子闪络损坏。

(2) 绝缘子由于气候的影响使绝缘老化加快,导致绝缘击穿。

(3) 产品质量有问题。

(4) 雷电过电压使绝缘子闪络击穿。

(5) 外力破坏使绝缘子损坏。

(6) 施工不当使绝缘子损伤,在运行中损坏。

处理方法:

(1) 安装前,对绝缘子外观进行检查、做耐压试验。

(2) 对老化绝缘子进行更换。

(3) 按检修周期及时对绝缘子进行清洁。

2. 绝缘子闪络故障有什么现象?故障原因是什么?如何处理?

故障现象:

(1) 绝缘子表面烧损或击穿。

(2) 绝缘电阻降低造成变电所接地故障。

故障原因：

由于鸟粪、灰尘和工业粉尘落在绝缘子上，造成绝缘子脏污，因脏污的性质不同，对电气设备绝缘水平的影响也不同。一般鸟粪、灰尘容易被雨水冲掉，对绝缘性能影响不大。但工业粉尘落在绝缘子表面，能构成一层薄膜（含硅、钙的氧化物、硫等），不易被水冲掉，这层薄膜当空气湿度很大或下毛毛雨时，就能导电，使绝缘子发生闪络。

处理方法：

（1）定期清扫绝缘子。

（2）增加悬式绝缘子串片数，提高支持绝缘子一级电压等级，以提高绝缘水平。

（3）采用防污绝缘子。

3. 拉线造成线路故障有什么现象？故障原因是什么？如何处理？

故障现象：

（1）拉线搭接线路一相，变电所反应线路单相接地。

（2）拉线搭接线路两相，变电所出现速断跳闸现象。

故障原因：

（1）UT线夹丢失使拉线搭在导线、引线或电气设备上。

（2）拉线抱箍下滑使拉线搭在导线或电气设备上。

（3）拉线与带电体距离不够。

（4）地质环境变迁导致拉线与导线间距离缩小。

（5）外力破坏（如车辆刮碰）等。

处理方法：

（1）加强线路巡视，将发现的问题及时处理。

（2）对影响线路安全运行的拉线进行调整或改为撑杆。

(3) 加强施工质量管理。

4. 避雷器造成线路故障有什么现象？故障原因是什么？如何处理？

故障现象：

(1) 线路一相避雷器故障，变电所反应线路单相接地。

(2) 线路两相避雷器故障，变电所出现速断跳闸现象。

故障原因：

(1) 在中性点不接地系统中，发生单相接地时，使非故障相对地电压升至线电压。此时，虽然避雷器所承受的电压小于其工频放电电压，但在持续时间较长的过电压作用下，可能引起击穿。

(2) 电力系统发生铁磁谐振过电压时，可能使避雷器放电，从而烧损其内部元件而引起击穿。

(3) 当线路受雷击时，避雷器正常动作后，由于本身火花间隙灭弧性能较差，如果间隙承受不住恢复电压而击穿时，则电弧重燃，工频续流再度出现，将会因间隙多次重燃使阀片电阻烧坏，引起避雷器击穿。

(4) 避雷器瓷套密封不良，容易受潮和进水而引起击穿。

(5) 避雷器表面严重脏污，造成闪络击穿接地。

(6) 避雷器的脱离器脱开后，因接地引线过长，搭在带电体上造成接地。

(7) 避雷器运行时间过长，绝缘老化造成接地。

处理方法：

(1) 加强线路巡视将发现的问题及时处理。

(2) 加强避雷器的质量管理，安装前应对避雷器进行耐压试验，合格后方可使用。

(3) 按避雷器运行使用周期规定要求及时进行更换。

5. 引线造成线路故障有什么现象？故障原因是什么？如何处理？

故障现象：

(1) 引线搭接线路一相，变电所反应线路单相接地。

(2) 引线搭接线路两相，变电所出现速断跳闸现象。

故障原因：

(1) 引线过长，或在风的作用下造成引线疲劳折断。

(2) 设备线夹与引线接触不良，使引线脱出。

(3) 引线没有使用设备线夹（接线端子）与设备连接，导致接触不良烧断。

处理方法：

(1) 调整引线的长度。

(2) 在检修中将发现接触不良的设备线夹及时紧固或更换。

(3) 将没有使用设备线夹（接线端子）的引线应安装设备线夹（接线端子）。

6. 导线损伤造成故障有什么现象？故障原因是什么？如何处理？

故障现象：

断线、接地故障。

故障原因：

(1) 施工不当造成导线受损。

(2) 导线驰度过大引起相间短路使导线受损。

(3) 交叉跨越距离不够造成短路使导线受损。

(4) 因环境变迁使导线对地距离不够造成外力破坏（如车辆刮碰导线），使导线受损。

(5) 导线固定处未缠铝包带使导线磨损。

(6) 因恶劣天气（如雷击），使导线受损。

处理方法：

（1）在19股的导线受损不超过3股，钢芯铝绞线铝线断两股，截面积损伤不超过导电部分总截面积的7%，采用缠绕法处理损伤缠绕的长度不应小于100mm。

（2）在同一截面内，导线损伤或断股面积超过导线导电部分面积的15%，应锯断重接。

（3）加强防雷设施。

（4）按规定调整导线弛度。

（5）按规定保证交叉跨越处的安全距离并加装安全警示标识。

7. 导线因弛度引发的故障有什么现象？故障原因是什么？如何处理？

故障现象：

混线、断线、相间短路、对地和其他线路安全距离不够。

故障原因：

（1）导线弛度过大，在大风天气时的摆动，容易造成混线或相间短路。

（2）导线因弛度过小，在寒冷天气易引起断线事故。

（3）弛度过大，对地或其他线路安全距离减小，易发生事故。

处理方法：

处理导线弛度时，在考虑天气因素的情况下，按规程规定要求，将导线弛度调整合适，避免故障的发生。

8. 冬季导线发生崩断的故障有什么现象？故障原因是什么？如何处理？

故障现象：

导线过紧，突然崩断。

故障原因：

(1) 由于温差变化过大，导线弧垂过小。
(2) 由于导线排列方式的改变（如三角排列改为水平排列）。
(3) 相邻电杆高差较大。
(4) 导线质量问题。
(5) 导线受外力损伤（如导线磨损、雷击、被盗割未断）。

处理方法：

(1) 调整导线弛度达到规定要求。
(2) 加装铁帽子，减小高差。
(3) 更换合格的导线。
(4) 入冬前，加强线路巡视，对受外力损伤的导线进行更换或修补。

9. 树木对线路造成的故障有什么现象？故障原因是什么？如何处理？

故障现象：

树木对电力线路造成故障时的现象，有接地（瞬间接地或频繁瞬间接地），过流（或频繁过流）、速断（或频繁速断），以及倒在线路上造成断杆、断线。

故障原因：

(1) 在雷雨天气树木来回掠过线路导线，易发生频繁的瞬间接地。
(2) 树木生长过高，接触到一相导线，会发生接地故障。
(3) 树木生长过高，接触到两相导线，会发生过流或短路速断故障。
(4) 线路侧面生长的大树，大风天容易被风刮倒，砸到线路上，造成断杆或断线事故。

处理方法：

（1）对线路通道内影响线路安全运行的树木，进行砍伐。

（2）对线路通道外影响线路安全运行的树木枝杈及时修剪。

10. 线路倒杆引起故障有什么现象？故障原因是什么？如何处理？

故障现象：

线路接地或速断。

故障原因：

（1）长期在水中浸泡，使水泥杆腐蚀、疏松。

（2）环境变迁大水冲刷使电杆埋深不够。

（3）外力破坏，如车辆碰撞、杆塔周围土方被挖、树木砸倒电杆等。

（4）因冬季施工线路，春季解冻后基坑回填土下沉，造成基础不牢固。

（5）风力过大，发生倒杆。

处理方法：

（1）对水中的电杆进行防腐处理。

（2）电杆加装护管。

（3）电杆打防护桩，移杆，以及砍伐通道内的高大树木。

（4）在经常遭外力破坏的电杆加装警示反光板。

（5）加装防风拉线。

11. 车辆刮碰线路引起的故障有什么现象？故障原因是什么？如何处理？

故障现象：

（1）断杆或倒杆。

(2) 线路出现突然接地或速断。

故障原因：

(1) 车辆直接撞击，发生倒杆事故。

(2) 车辆严重刮碰杆塔，导线拉断，落到地面造成接地故障。

(3) 车辆轻微刮碰杆塔，造成导线摇动，引起相间或三相短路。

处理方法：

(1) 加装警示反光板。

(2) 打防护桩。

(3) 对事故多发地带，将杆塔移位。

12. 配电线路经常发生跳闸，故障现象及原因有哪些？怎样处理？

故障现象：

线路经常发生瞬时跳闸故障。

故障原因：

(1) 鸟在导线间、设备上飞行和停留时，安全距离不够造成的。

(2) 鸟巢在阴雨潮湿天气搭接到两相或三相带电体。

(3) 分支杆导线弛度大，与主线路边相安全距离减小，摆动时造成短路跳闸。

(4) 过引线松弛，相间距离过近。

(5) 导线弛度过大，在大风天摆动时已造成短路跳闸故障。

处理方法：

(1) 安装驱鸟装置。

(2) 清除鸟巢。

(3) 调整分支杆处导线的相间距离达到规定要求。
(4) 调整过引线达到规定要求。
(5) 调整导线弛度达到规定要求。

13. 并排线路缺相故障有什么现象？故障原因是什么？如何处理？

故障现象：

故障点一侧三相电压正常，另一侧少相。

故障原因：

(1) 导线断线。
(2) 设备线夹烧毁或断裂。
(3) 隔离开关触头烧毁。
(4) 断路器接触不良。
(5) 与主干线 T 形接处接触不良或断点。
(6) 主干线电源侧缺相。

处理方法：

(1) 更换导线。
(2) 更换设备线夹。
(3) 更换隔离开关触头。
(4) 断路器维修或更换。
(5) T 形接处断点部分经处理，重新连接。
(6) 查找电源侧故障并处理。

14. 线路速断的故障有什么现象？故障原因是什么？如何处理？

故障现象：

变电所反应线路速断。

故障原因：

(1) 导线弛度大，在电动力或风力的作用下摆动引起速断。

（2）变压器、断路器、熔断器、避雷器、隔离开关等设备的引线断，搭接到其他相引起速断。

（3）外力破坏，车辆刮碰导线或电杆。

（4）设备在运行中绝缘损坏。

（5）鸟害，鸟落在高压设备上或在线路上搭建鸟巢，使导线间及对地距离不够。

处理方法：

（1）调整导线弛度，使其符合规程规定。

（2）在车辆刮碰电杆、导线处加装警示标识。

（3）加强对线路、设备及沿线的巡视发现问题及时处理。

15. 线路发生接地、短路故障有什么现象？主要故障原因是什么？如何处理？

故障现象：

变电所反应线路接地、速断。

故障原因：

（1）线路绝缘损坏，架空线路的瓷瓶、避雷器瓷体、开关设备、支持绝缘子，由于脏污、裂纹、雷击、外力破坏等原因造成单相接地。

（2）避雷器、真空开关、变压器等设备内部绝缘降低、击穿后接地，如果不同的两相接地，则会造成相间短路跳闸。

（3）外部环境影响，鸟类、鸟巢、潮湿的树木、铁丝等导电物体搭落在线路的带电部分与接地体间，造成线路单相接地、两相接地短路、三相接地短路。

（4）雷击、外力冲击等造成断线，使线路单相接地、两相接地短路、三相接地短路。

处理方法：

（1）更换试验合格的瓷瓶、避雷器、支持绝缘子。

（2）检修、更换烧损的设备。

（3）砍伐沿线的树木、清除线路上的异物。

（4）续接导线。

16. 设备线夹烧损故障有什么现象？故障原因是什么？如何处理？

故障现象：

线路、设备缺相或电压波动。

故障原因：

（1）长期运行，导线与线夹接触部位氧化、接触不良、烧损。

（2）线夹与导线型号不匹配，连接处发生松动烧损。

（3）铜铝过渡部位断裂脱开。

（4）施工质量问题。

（5）产品质量问题。

处理方法：

（1）紧固螺栓。

（2）清除导线、线夹表面氧化物。

（3）更换合格的铜铝过渡设备线夹。

17. 变压器常见故障有什么现象？故障原因是什么？如何处理？

故障现象：

（1）配电变压器油枕冒油。

（2）配电变压器响声异常。

（3）套管闪络放电。

（4）在正常冷却条件下，油温上升不止。

(5) 严重渗油、漏油。

(6) 瓦斯保护装置动作。

(7) 配电变压器绝缘电阻下降。

(8) 配电变压器作直阻试验时，三相电阻不平衡。

(9) 配电变压器着火。

故障原因：

(1) 油量过多，运行过热，使配电变压器油枕冒油。

(2) 系统电压过高或过负荷，变压器相间、匝间短路。

(3) 套管污秽、裂纹、受潮后绝缘下降。

(4) 变压器相间、匝间短路，铁芯多点接地严重短路。

(5) 套管或箱体密封胶垫老化，变压器箱体锈蚀严重，出现细小裂缝或小孔隙。

(6) 配电变压器内部故障，产生瓦斯气体，或瓦斯保护装置误动作。

(7) 配电变压器绝缘老化或超过运行周期。

(8) 如果阻值明显减少为匝间短路，线间差值大于2%为分接开关或引线故障。

(9) 变压器内部匝间或相间短路，造成瓦斯气体和变压器油燃烧。

处理方法：

(1) 调整油位到正常位置。

(2) 调整系统电压后降低变压器负荷，更换变压器。

(3) 对套管及时清扫，发现套管破损或裂纹应及时更换。

(4) 将变压器退出运行，试验检修。

(5) 更换套管或箱体密封胶垫，对漏点进行堵漏处理，同时补加同型号变压器油。

(6) 变压器停运，进行吊芯检查。

(7) 进行吸收比试验，吸收比小于 1.3 时受潮，将变压器停运，对线圈进行烘干处理，对变压器油进行过滤。

(8) 将变压器停运进行吊芯检查处理。

(9) 断开电源，用专用灭火器灭火，若上盖着火应打开下部放油阀放油至适当位置，若内部着火则不能放油，以免发生爆炸。

18. 变压器熔断器熔断丝熔断的故障有什么现象？故障原因是什么？如何处理？

故障现象：

变压器熔断器熔断丝熔断。

故障原因：

(1) 变压器绝缘击穿。

(2) 低压设备绝缘损坏造成短路，但低压熔断丝未熔断，越级造成高压熔断丝熔断。

(3) 熔断丝的容量选择不当、熔断丝本身质量问题或熔断丝安装不当。

(4) 过电流或遭受雷击。

处理方法：

(1) 修理变压器更换熔断丝。

(2) 修理低压设备，更换合适的低压熔断丝。

(3) 更换高压熔断丝，按规定要求安装。

19. 变压器发出异常声响的故障有什么现象？故障原因是什么？如何处理？

故障现象：

变压器发出异常声响、振动等。

故障原因：

(1) 变压器过负载，发出的声响比平常沉重。

(2) 电源电压过高,发出的声响比平常尖锐。

(3) 变压器内部震动加剧或结构松动,发出的声响大而嘈杂。

(4) 绕组或铁芯绝缘有击穿现象,发出的声响大且不均匀或有爆裂声。

(5) 套管污秽严重或有裂纹,发出"滋滋"声且套管表面有闪络现象。

(6) 接线柱螺钉松动,设备线夹氧化、虚接发出"吱吱"声。

处理方法:

(1) 减少负载。
(2) 调整电源电压。
(3) 减少负载或停电进行修理。
(4) 停电进行修理。
(5) 停电清洁套管或更换套管。
(6) 停电更换设备线夹。

20. 变压器油温过高故障有什么现象?故障原因是什么?如何处理?

故障现象:

变压器油温超过正常运行温度。

故障原因:

(1) 变压器长期过负荷运行。
(2) 三相负载不平衡。
(3) 变压器散热不良。

处理方法:

(1) 减少负载。
(2) 调整三相负载的分配,使其平衡。对于 $Y,yn0$ 连接的变压器，其中性线电流不得超过低压绕组额定电流的25%。

（3）检查并改善冷却系统的散热情况。

21. 干式变压器常见故障有什么现象？故障原因是什么？如何处理？

故障现象：

（1）变压器在运行中超过允许温度。

（2）变压器在运行中有放电声或匝间短路。

（3）干式变压器的有载调压开关接触不良或烧损。

故障原因：

（1）由于干式变压器超载能力比较强，一般过负荷的情况不会引起温升过高，多是由于排风不畅引起，如风机损坏、通风不良等。

（2）干式变压器对环境要求比较严格，由于表面灰尘过多，受潮可导致沿面放电，破坏绝缘，还有的由于制造工艺问题，如气泡、绝缘不匀等，在外界条件影响下，也有可能运行一段时间后发生放电现象。

（3）有载调压开关虚接，或制造工艺水平不过关，故障率高。

处理方法：

（1）应查明原因，根据具体情况予以处理。

（2）加强巡视和检修清扫，按期做预防性试验。

（3）有载调压开关虚接的，清除表面氧化层后，重新调试，对质量差的直接更换。

22. 箱式变压器的常见故障有什么现象？故障原因是什么？如何处理？

故障原因：

变压器缺相或短路，电压波动等。

故障原因：

(1) 变压器受潮使内部发霉，使绝缘层损坏，造成严重漏电或短路。

(2) 电源电压突然升高也可引起绝缘击穿、绕组短路。

(3) 外部引线断线。

(4) 引线与焊片脱焊。

(5) 线包经碰撞断线和受潮后发生内部霉断等。

处理方法：

(1) 更换变压器。

(2) 重新连接导线。

(3) 重新焊接。

23. 真空断路器常见故障有什么现象？故障原因是什么？如何处理？

故障现象：

(1) 真空断路器误动作。

(2) 真空断路器不能储能。

(3) 真空断路器分、合闸失灵。

故障原因：

(1) 真空断路器误动作有两个原因：

①断路器本体有质量问题。

②保护定值整定不恰当。

(2) 真空断路器不能储能有两个原因：

①人工储能时，储能机构因锈蚀、积尘发生卡涩，冬季润滑油标号不够冻凝，造成机构不能储能。

②电动储能时，不能储能的主要原因是电机控制回路故障，电源故障，以及储能电机烧毁。

(3) 断路器分、合闸机构因锈蚀、积尘发生卡涩，冬季润滑油标号不够冻凝,拉力弹簧拉力不够等原因造成分、合闸失灵。

处理方法:

(1) 断路器因产品质量问题出现故障,应进行更换。

(2) 根据实际负载,及时恰当地调整断路器的定值。

(3) 按规定期限要求,检修真空断路器,清除锈蚀和积尘,更换高标号润滑油。

(4) 检修真空断路器时,对电动储能进行储能试验,保证其正常工作。

(5) 对拉力不够的拉力弹簧进行更换。

24. 跌落式熔断器熔断丝熔断故障有什么现象?故障原因是什么?如何处理?

故障现象:

熔断器熔断丝有时一相、两相熔断,有时三相同时熔断。

故障原因:

(1) 跌落式熔断器额定开断容量小,其下限值小于被保护系统的三相短路容量,熔断丝误熔断。

(2) 熔断丝质量不良,其焊接处受到外力或者机械力的作用后脱开,发生误断。

(3) 大气过电压,造成熔断丝熔断。

(4) 更换熔断丝时操作不正确,熔断丝受伤断股,发生误断。

(5) 变压器内部短路故障,熔断丝保护熔断。

(6) 变压器外部故障,熔断丝保护熔断。

(7) 操作时,合熔断丝管不到位造成触头烧伤,产生毛刺引起接触不良,使触头过热,弹簧退火,促使触头更为接触不良,形成恶性循环造成熔断丝熔断。

(8) 被保护线路发生短路和过负荷故障，熔断丝保护熔断。

处理方法：

(1) 应检查高压引线及瓷绝缘部分有无闪络及放电痕迹，同时检查变压器有无过热、变形、喷油等异常现象，本体有无异常声音。

(2) 当变压器熔断丝熔断时后，外观无明显异常时，可通过遥测绝缘电阻、油化验进行判断、处理，如果仍无明显事故痕迹时，可用电桥测量变压器直阻来进一步判断，确定事故性质。

(3) 熔断器熔断丝有两相或者三相熔丝熔断且烧伤明显时，应是内部或外部，内部故障更换变压器，外部故障维修处理。

(4) 正确操作，使熔断管合闸到位。

(5) 调整熔断丝管两端铜套的距离，使熔断器匹配牢固。

(6) 更换符合规格型号的熔断器。

25. 熔断器熔断丝熔断后，不跌落故障有什么现象？故障原因是什么？如何处理？

故障现象：

跌落式熔断器熔断丝熔断后，不跌落，线路或设备缺相。

故障原因：

(1) 转动不灵活或被异物卡住。

(2) 熔断器俯角不对。

(3) 熔断丝管选择不当。

(4) 熔断管与触头接触部分虚接打火，导致接触部分粘连，熔断丝虽然熔断，但熔断管未跌落。

处理方法：

(1) 停电检修处理。

(2) 调整熔断器俯角。

(3) 选择同规格型号的熔断管。

(4) 正确操作,使熔断管合闸到位。

26. GW1 隔离开关合不严的故障有什么现象?故障原因是什么?如何处理?

故障现象:

(1) 配电线路缺相。

(2) 配电变压器缺相、低压一相电压低。

(3) 隔离开关一相触头烧损。

故障原因:

(1) 开关合不严,用电设备缺相。

(2) 动触头螺钉松动或丢失。

(3) 动触头偏离,合不上。

(4) 三相刀闸不同期。

(5) 辅助接点卡、阻现象。

(6) 机构锁不上。

处理方法:

(1) 隔离开关合闸后,用 0.05mm 厚的塞尺检查触头接触情况,对于线形接触接触的,塞尺插不进去,对于面接触的,塞尺插入深度不应超过 4~6mm,否则应对接面进行锉修或整形,使之符合标准。

(2) 触头弹簧各圈之间的距离,在合闸位置时应不小于 0.5mm 且间距均匀。

(3) 隔离开关组装后,将其缓慢合闸,观察刀闸是否对准静触头的中心,如有偏卡现象,应通过调整座瓶、拉杆或其他部件加以改正。

(4) 隔离开关的闸刀张角或开距应符合要求,户内型隔离开关在合闸后,闸刀应有 3~5mm 的备用行程,三相同期性应符合制造厂家规定要求。

(5) 检查辅助接点并加以打磨,确保接触良好。

(6) 隔离开关的闭锁,止点装置应正确、可靠,并按规定要求做预防性试验。

(7) 隔离开关触头烧损不严重的应打磨平整后重新修复,变形或严重烧损的进行更换。

27. GW1 型隔离开关合不上的故障有什么现象?故障原因是什么?如何处理?

故障现象:

GW1 型隔离开关出现卡、涩现象,合不上,有时会"打火"。

故障原因:

(1) 由于隔离开关的轴销、楔栓的脱落或退出。

(2) 隔离开关通轴连接部分或操作机构拐臂断裂、开焊等机械故障。

(3) 因隔离开关通轴锈死,操作机构传动部分变形或卡死,从而引起隔离开关合不上。

(4) 因隔离开关覆冰合不上。

(5) 由于隔离开关动、静触头之间有鸟巢或其他异物导致合不上。

处理方法(停电、验电、做好安全措施后):

(1) 重新修复轴销及楔栓。

(2) 对断裂或开焊的部分重新对正焊接好。

(3) 给通轴锈死的部分上油润滑,对机构传动变形或卡死的部分进行调整和润滑,并拉合调试。

(4) 清除隔离开关的覆冰,并重新调试。

(5) 清除隔离开关动、静触头之间的鸟巢或其他异物。

28. GW1型隔离开关拉不开的故障有什么现象？故障原因是什么？如何处理？

故障现象：

GW1型隔离开关卡住、拉不开。

故障原因：

(1) 隔离开关三相动触头的压力调节螺钉过紧。

(2) 隔离开关通轴连接部分或操作机构拐臂断裂、开焊等机械故障。

(3) 因隔离开关通轴锈死，操作机构传动部分变形或卡死，从而引起隔离开关拉不开。

(4) 因隔离开关覆冰，动、静触头或隔离开关的传动部分被冻住。

处理方法（停电、验电、做好安全措施后）：

(1) 对隔离开关三相动触头的压力调节螺钉进行调节后，拉合调试。

(2) 对断裂或开焊的部分重新对正焊接好。

(3) 给通轴锈死的部分上油润滑，对机构传动变形或卡死的部分进行调整和润滑，并拉合调试。

(4) 清除隔离开关的覆冰，并重新调试。

29. 隔离开关动、静触头故障有什么现象？故障原因是什么？如何处理？

故障现象：

隔离开关动、静触头接触部位发热或变色，严重时"打火放电"。

故障原因：

(1) 压力弹簧松弛或螺栓松动。

(2) 动、静触头接触部分表面氧化。

(3) 高压隔离开关的动、静触头间隙大,造成接触不良。

处理方法:

(1) 停电调整松弛的弹簧,拧紧松动的螺栓。

(2) 对动、静触头接触部分进行打磨,并涂导电膏或凡士林。

(3) 停电对动、静触头的接触部位进行处理。

30. 隔离开关易发生的故障有什么现象?故障原因是什么?如何处理?

故障现象:

隔离开关动、静触头过热或烧损,绝缘击穿等。

故障原因:

(1) 运行中,隔离开关触头虚接,造成动、静触头过热或烧损。

(2) 瓷瓶外伤,绝缘强度降低,在潮湿天气易发生事故。

(3) 座瓶胶合部分因质量问题或自然老化造成座瓶损坏。

(4) 在污秽严重地区或过电压情况下,会发生闪络、座瓶损坏,烧坏隔离开关。

(5) 开关操作机构有鸟巢会造成拉、合时机构不灵活。

处理方法:

(1) 发现触头过热,应停电处理。

(2) 座瓶外伤超过规定值及时更换试验合格的座瓶。

(3) 在污秽地区应加强清扫,保持座瓶的清洁。

(4) 运行中加强巡视,发现异常及时处理。

31. 电容器过热的故障有什么现象？故障原因是什么？如何处理？

故障现象：

电容器非正常温度过热。

故障原因：

(1) 接头用的螺钉松动，产生了拉弧。

(2) 频繁起、停，反复受浪涌电流冲击作用。

(3) 长期过电压运行，造成过负荷。

(4) 环境温度过高，超过允许值。

处理方法：

(1) 拧紧松动的螺钉并加强巡视。

(2) 做到不频繁起、停电力电容器，除非线路停电时才切断电力电容器。

(3) 更换电压较高的电力电容器。

(4) 设法降低环境温度。

32. 电容器常见故障有什么现象？故障原因是什么？如何处理？

故障现象：

电容器常见故障的现象有渗油、温升过高、外壳膨胀、瓷瓶表面闪络、甚至爆炸。

故障原因：

(1) 运行中的电容器出现渗漏油，是由于产品质量问题或维护不当引起的。

(2) 电容器外壳膨胀，电极对外放电，使内部压力增大，导致外壳膨胀变形。

(3) 电容器温升过高，主要原因是电容器过电流和通风条件差。

(4) 电容器瓷瓶表面闪络放电，其原因是瓷瓶绝缘有缺陷，表面脏污。

（5）声音异常，运行中，发现有放电声或其他不正常声音说明电容器内部有故障。

（6）电容器爆炸，元件击穿、绝缘损坏、密封不严、漏油、外壳鼓肚、内部游离。

处理方法：

（1）电容器外壳渗、漏油不严重时，可在外壳渗、漏处除锈、焊接、涂漆。

（2）电容器外壳膨胀应更换。

（3）如温过高，应改善通风条件。

（4）电容器应定期检查、清扫，更换闪络放电的瓷瓶。

（5）电容器声音异常，应停止运行，进行更换。

（6）电容器发生爆破，应及时更换。

33. 混凝土电杆破损的故障有什么现象？故障原因是什么？如何处理？

故障现象：

麻面、蜂窝、露筋、空洞。

故障原因：

（1）麻面。电杆由于雨水冲刷以及低洼地带水的浸泡腐蚀，使电杆表面出现无数小凹点，就会形成麻面。

（2）蜂窝。电杆表面形成的麻面，由于侵蚀加剧，麻面就会变深变大，类似于蜂窝。

（3）露筋。因电杆继续受到浸泡侵蚀，一旦达到钢筋层，就会出现露筋现象。

（4）空洞。当混凝土电杆被腐蚀到电杆内部，就会形成空洞，时间长了就会出现倒杆事故。

处理方法：

(1) 对电杆进行防腐蚀处理，对缺混凝土的电杆用比例合格的水泥进行修补。

(2) 清理杆体残渣，清除锈蚀部位。用1:2或1:2.5水泥修补。

(3) 侵蚀严重的更换电杆。

34. 线路金具主要故障有什么现象？故障原因是什么？如何处理？

故障现象：

金具锈蚀、裂纹、开焊或断裂。

故障原因：

(1) 金具表面出现锈蚀、镀锌层脱落。

(2) 接续金具线夹、压板、引流板等不平整，有毛刺。

(3) 金具有裂纹或开焊。

(4) 支持金具变形。

处理方法：

(1) 除锈后补刷红丹及油漆。

(2) 将线夹、压板、引流板打磨平整。

(3) 更换有裂纹、开焊和变形的金具。

35. 电缆线路常见故障有什么现象？故障原因是什么？如何处理？

故障现象：

电缆常见故障有腐蚀、过热、接地、速断等。

故障原因：

(1) 机械损伤，直接受外力破坏，如挖土、打桩等。

(2) 敷设电缆时由于弯曲过大，损伤电缆绝缘、屏蔽层或由于拉力过大,导体被拉伤。

(3) 绝缘老化或受潮,密封不好、化学腐蚀等。

(4) 过电压,雷击或其他冲击电压造成电缆损坏。

(5) 电缆过热,电缆散热不良或长期过负荷、与热力管道靠的太近等。

(6) 电缆腐蚀,敷设路径选择不当,地下腐蚀液体浓度过大,加速电缆绝缘老化。

处理方法:

(1) 严格按施工标准埋设电缆标桩,加强巡视,对丢失、损坏的标桩及时补齐,防止被挖伤、挖断。

(2) 电缆埋深达到规定标准,电缆沟底部铺沙盖砖,埋深达不到标准的按要求采取保护措施(穿管、盖电缆槽)。

(3) 在处理电缆故障时,必须将绝缘受潮部分全部割除。

(4) 电缆在运行中,要定期测量负荷电流,防止电缆截面过小、新增负荷过多。

36. 电缆终端头故障有什么现象?故障原因是什么?如何处理?

故障现象:

电缆终端头故障有受潮、放电、接地、短路等现象。

故障原因:

(1) 户外终端头绝缘密封不良,使水分进入,导致绝缘受潮而击穿。

(2) 户内终端头电缆头直接引至室外,使外界潮气沿着电缆芯绝缘侵入电缆内部,造成击穿。

(3) 电缆头三芯分支处距离小,所包绝缘物脏污,容易引起泄露电流,使绝缘损坏,导致电缆头爆炸。

(4) 引出线接触不良,造成过热及脱焊现象。

(5) 密封不严，日久水分进入，导致绝缘受潮。

处理方法：

(1) 接触不良和过热，应重新打磨接触部分，再可靠连接。

(2) 重新制作电缆终端头，并做耐压试验。

37. 电缆中间头故障有什么现象？故障原因是什么？如何处理？

故障现象：

主要有受潮、放电、接地、短路等现象。

故障原因：

(1) 防水设计不周密，中间电缆井未按规定处理，绝缘密封不良，制作时环境湿度过大。

(2) 屏蔽带处理不当，高压电缆芯纸绝缘外面有金属的屏蔽带，在接头内屏蔽带割断处，电应力骤然增加。

(3) 导线连接不良，机械强度差、留有尖刺造成局部应力过大。

(4) 水分进入，导致接头受潮而击穿。

处理方法：

重做接头，严格按电缆中间头工艺标准制作，并做好耐压试验。

38. 接地装置常见故障有什么现象？故障原因是什么？如何处理？

故障现象：

接地体锈蚀、脱焊，接地线断，以及接地电阻大等。

故障原因：

(1) 接地体由于长期埋于地下发生锈蚀。

(2) 接地体受外力破坏脱焊。
(3) 由于环境变迁使接地体外露。
(4) 接地线断或连接接地体的并沟线夹被盗。
(5) 接地电阻超过规定值。

处理方法：

(1) 接地体除锈，锈蚀严重的及时更换。
(2) 对破坏的部分重新焊接。
(3) 将外露接地体上回填土壤，使其符合规程要求。
(4) 重新连接接地线，安装并沟线夹或采取其他防盗方法连接。
(5) 利用人工或化学处理，降低接地电阻。

39. 线路末端电压过低故障有什么现象？故障原因是什么？如何处理？

故障现象：

线路末端电压过低，影响设备不能正常运行。

故障原因：

(1) 导线选择不当，不按经济密度选择导线或已定导线截面积却不按经济容量运行。
(2) 无功补偿容量不足，电压水平低，形成高峰时低电压供电，低谷时高压运行，致使线损增加。
(3) 系统电压层次过多，不合理的串级供电。
(4) 主要变压器运行不合理，该并联的不并联，该停用的不停用，该启用的不启用。
(5) 线路负荷增大，超过原有线路设计容量。
(6) 低压配电网络供电半径过长，输送容量太大，末端电压过低。
(7) 线路老化，导线接头过多造成电压损耗过大。

处理方法：

(1) 合理选择导线截面。
(2) 改善无功容量补偿。
(3) 减少不合理串供电。
(4) 主要变压器合理供电。
(5) 合理安排，减小负荷。
(6) 合理选择供电半径。
(7) 对老化线路进行改造。

40. 系统电压频繁波动的故障有什么现象？故障原因是什么？如何处理？

故障现象：

系统电压频繁波动。

故障原因：

(1) 当电力负荷大于电力系统所能提供的负荷的时候就会产生电压、频率降低，其主要因素是系统滞后的无功负荷所引起的系统电压损失。

(2) 在三相四线制中，如三相负荷分布不均（相线对中性线），将产生零序电压，使零点移位，一相电压降低，另一相电压升高，增大了电压偏差。

处理方法：

(1) 当负荷变化时，相应调整电容器的接入容量就可以改变系统中的电压损失，从而在一定程度上缩小电压偏差的范围。

(2) 白天高峰负荷时电压偏低，因此将变压器抽头调在"-5%"位置上，但到夜间负荷轻时电压就过高，这时如切断部分负载的变压器，改用低压联络线供电，增加变压器和线路中的电压损耗，就可以降低用电设备的过高电压。

41. 三相电压过高或过低故障有什么现象？故障原因是什么？如何处理？

故障现象：

三相电压超过额定值10%或过低于额定值10%。

故障原因：

（1）三相电压超过额定值10%的原因是变压器分接开关挡位不对。

（2）三相电压低于额定值10%的原因有：

①变压器分接开关挡位不对。

②变压器总容量不够。

③线路供电距离过长。

④电力线路导线截面过小。

处理方法：

（1）测量配电室低压电源总开关的三相电压值，测得结果三相电压值（V）都高于或低于额定电压±10%以上表明电力变压器的分接开关位置调整不当。处理方法是调整变压器分接开关使变压器低压侧的空载电压达到标准，一般为400V。

（2）电源总开关电压正常，测量电动机电源开关电压，如电压低于额定电压10%以下则表明由电源总开关至电动机电源开关线路导线过细。排除方法为重新核算负载容量、供电线路长度，重新计算电压降，合理选择导线截面积，更换某段过细的导线。

42. 三相电压不平衡超过5%故障有什么现象？故障原因是什么？如何处理？

故障现象：

三相电压不平衡超过5%。

故障原因：

(1) 变压器高压侧电压不平衡。

(2) 变压器内部故障。

(3) 变压器至测量点的电力线路断线、接触不良、开关烧损、熔断器熔断等。

处理方法：

(1) 测量配电室低压电源总开关三相电压值，在高压侧电压正常的情况下测得三相电压不平衡则表明变压器内部有故障或由变压器至电源总开关的线路有故障。线路故障大多由接触不良引起，处理方法为检测变压器，查找线路接触不良故障点予以排除。

(2) 电源总开关电压正常，测量电动机电源开关电压，如三相电压不平衡超过5%则表明由电动机电源开关至配电室总开关一段的线路或某级开关故障。处理方法为由配电室电源总开关逐级测量三相电压，如测至某一级开关三相电压不平衡时则表明由该开关至上一级开关之间的线路或开关有故障，一般为接触不良，查找故障点予以排除。